自我关怀的力量

[美] 克里斯廷・内夫（Kristin Neff）| 著
刘聪慧 | 译

中信出版集团・北京

图书在版编目（CIP）数据

自我关怀的力量 /（美）克里斯廷·内夫著；刘聪慧译. -- 北京：中信出版社，2017.7（2025.10重印）

书名原文：Self-Compassion: Stop Beating Yourself Up and Leave Insecurity Behind

ISBN 978-7-5086-7616-6

I. ① 自… II. ① 克… ② 刘… III. ① 情绪－自我控制－通俗读物 IV. ① B842.6-49

中国版本图书馆 CIP 数据核字 (2017) 第 108069 号

自我关怀的力量

著　　者：[美]克里斯廷·内夫
译　　者：刘聪慧
出版发行：中信出版集团股份有限公司
（北京市朝阳区东三环北路 27 号嘉铭中心　邮编　100020）
承 印 者：北京通州皇家印刷厂

开　　本：787mm×1092mm　1/16　　印　　张：16.75　　字　　数：220 千字
版　　次：2017 年 7 月第 1 版　　印　　次：2025 年10月第 17 次印刷
京权图字：01-2017-3507
书　　号：ISBN 978-7-5086-7616-6
定　　价：42.00 元

献给鲁伯特和罗文

感谢他们给予我的快乐、奇迹、爱和鼓励

推荐序

用生命践行自我关怀的科学家和实践家

很荣幸为克里斯廷·内夫（Kristin Neff）博士的《自我关怀的力量》一书写序。她是静观自我关怀之母，这本书是她的代表作，也是静观自我关怀的奠基之作。作为静观自我关怀的受益者和传播者，看到此书中文版由中信出版社再版，我既感到激动喜悦，又感到任重道远。

我和静观自我关怀结缘于2011年。那时，我刚刚结束在四川的三年震后救援和心理辅导工作，身心疲惫。2008年的汶川大地震后，我作为“512心灵守望计划”的总督导，带领着一支三十多人的志愿者团队，为四川多个受灾地区的师生进行放下过去和青少年抗挫力的培训。那里尘土飞扬，时有余震，我们每天奔波于破碎的校舍和城镇间。而我处在被人依靠的位置上，周围的人觉得我就是大树，是一个永远精力充沛、不知疲倦、不需要被他人关怀和照顾的人。三年下来，我发现自己变得越来越急躁，身体越来越疲惫，有时甚至不想工作，我知道自己开始有职业倦怠感了。我需要被关怀和照顾，有时也希望能有一个坚强的臂膀可以依靠。然而环顾四周，好像找不到可以支持我，并能让我依靠和依赖的人。

我开始寻找，在心理学领域有没有可以自我帮助和关怀的内容。很幸运，我发现了克里斯廷·内夫和哈佛大学临床心理学家克里斯托弗·肯·吉莫（Christopher K. Germer）联合创建的静观自我关怀。这个发现开启了我的内在宝藏。通过静观自我关怀，我知道，我也可以像对待最爱的人和最好的朋友那样对待自己，源源不断地给自己支持和陪伴，给自己智慧和力量。

做到这一点并不容易。据研究，世界上78%的人都是对别人比对自己好，只有2%的人对待自己更好，20%的人则差不多。回想一下，你是否有这样的体验：当你最好的朋友或所爱的人遭遇困难或挫折时，你总是能理解、安慰、鼓励和支持他们，而当自己遭遇同样的境遇时，就会批评、打击、苛责自己。其实，在这个世界上，绝大多数时候，对我们最严厉、最严苛，甚至很残酷、不肯放过我们的人，不是别人，而是自己。自我关怀，就是像对待最好的朋友那样对待自己，心怀善意，给自己需要的陪伴、理解和支持。

五年来，我向内夫以及吉莫博士多次学习静观自我关怀，并成为“静观自我关怀”全球首位中国师资培训师。随着我越来越多的学习和践行，并向我的学生们传播自我关怀，我越来越发现了它的奥秘。很多人跟我学习，开始的时候总是想解决亲密关系、亲子关系或职场关系的困扰，有的是和爱人相处多年却得不到理解和尊重，有的是为家庭付出了很多却得不到赞赏和认可，有的是外表风光、内心荒凉，感觉不到温暖和安全……这种种的痛苦折磨，都有一个共性，就是求而不得。我们总是期待别人给我们理解、包容、安慰、支持、允许、信心或希望，如果没得到，就进入对抗、逃避或陷入痛苦的境地。大多数人不知道，其实，我们内心一直住着一个可以随时关怀我们、深刻理解我们并且永远陪伴我们、为我们好的人，像妈妈，像朋友，也像智者。当你找到了她，就能从“求而不得”转换为“自给自足”。

内夫博士是一位科学家，她在自我关怀领域率先进行了许多实证研究，有力地揭示了自我关怀的作用以及对人们日常生活的影响，比如对经营各种关系的影响，对如何保持健身和减肥计划的影响，等等。

她也是自我关怀的践行者。在本书中，她分享了许多具有传奇色彩的个人经历（是的，传奇，你看了就知道），包括和父亲的关系、爱人的关系、自闭症儿子的关系以及和自己的关系，真实坦诚又生动形象地阐述了什么是自我关怀，以及如何活出自我关怀。其中，她和她的儿子罗文的故事，让我非常感动并心生敬佩。罗文一岁多的时候，她发现了孩子有些不正常，最终被确诊为自闭症。这是一个终生无法治愈的病症，这意味着孩子可能一辈子都不会叫“妈妈”。就像内夫所说，这是她人生迄今为止最大的挑战。幸好自我关怀，让她一次次在悲伤、心痛、自责、绝望当中陪伴自己，给自己勇气和力量，给孩子也给自己很多很多爱，并带孩子到蒙古进行治疗（这个故事还被拍成了纪录片《马背男孩》）。这是一位用生命践行自我关怀的科学家和实践家。

同时，本书介绍了许多实用的练习和行动计划，非常容易操作。即使没有任何心理学背景或静观经验的初学者，也可以轻松上手。

人只能给出自己拥有的东西。只有你把自己爱够了，才能真正爱别人。只有你给自己的关怀足够了，才能真正关怀他人。所以，无论你想更好地爱别人，想改善关系，还是想帮助他人，我都建议你来读读这本书。愿你学会自我关怀，成为真正可能二十四小时在线陪伴自己、关怀自己的亲密爱人和朋友。

海蓝博士

静观自我关怀全球首位中国师资培训师

心理创伤治疗与压力管理专家

中国抗挫力训练总设计师

《不完美，才美》作者

译者序

我对自我关怀的了解还是在几年前，我的学生张耀华给我看他写的一篇文章。看完之后，我印象最深的有两点：一是这个领域太新了；二是文章中老出现一个人的名字——内夫。内夫是自我关怀研究领域的领军人物，她在这一领域开展了一系列的研究。到目前为止，她的研究已经取得很多成果，而且吸引了很多研究者加入进来。

本书是内夫在本领域研究的一个梳理，她在此给出了自我关怀的内涵和测量方式。她认为自我关怀包括三个部分：善待自己、共通人性和静观当下。同时，她还编制了自我关怀的测量工具。最重要的是，她还提供了许多培养和提升自我关怀的方式、方法。

我认为本书最大的特点是它的鲜活性和操作性。国内的学者在写书的过程中大多中规中矩——尤其是学术著作，即使是心理学应用类（例如心理咨询、心理治疗，等等）著作也多是在探讨比较抽象的理论和方法，更为强调叙述的概括性和逻辑性，而对理论和方法在实际中的应用的讨论却稍显不足，缺少一点儿实用性和鲜活性。出现这种情况可能有多方面的原因：很多主题可能不太容易融合进自己的情绪、情感，也有可能是大多数中国学者不太愿意把自己的切身体会写进书里……而本书在操作性、实用性和鲜活性方面则做得很足。在操作性方面，每章都有若干个练习，这些练习涵盖了自我关怀的方方面面；不仅如此，作者在每章的结尾还拿自己举例，通过对自己生活经历的叙述和分析，阐述自我关怀以及相关概念的精髓。

我认为，本书不仅对自我关怀的研究领域有所推动，为相关领域的研究者提供了背景知识和思路；更为重要的是，它能为我们自身的心理健康、心理和谐和幸福起到一定的推动作用。当然，如果这本书能够为你自己和朋友解决问题提供一些思路，我们也会非常高兴。

翻译此书，要感谢我的几名研究生：张耀华（第一、二部分）、陆宽（第三部分）和王永梅（第五部分），本书的翻译工作是我和他们共同完成的。最后的审校、统稿和定稿工作由我完成，王永梅和刘洁做了一些校对工作。虽然已经尽力，但是由于译者水平有限，书中内容定有值得商榷之处，恳请读者批评指正。

刘聪慧

致 谢

首先，要感谢我的丈夫鲁伯特（Rupert），感谢他对我创作的鼓励，感谢他帮我厘清观点、编写本书，也感谢他当了我的主要编辑。他教我如何抛掉学术口吻、用平实的语言写作，他是我见过最有才华、表述最清晰的顾问。感谢我的朋友和经纪人，伊丽莎白·辛克曼（Elizabeth Sheinkman），她支持我并设法帮我使梦想成真。感谢所有哈珀柯林斯公司（HarperCollins）友善并支持我的人，他们给了我一个机会让这本书问世。

带着无上的谢意，我得感谢帮助我理解自我关怀的意义和价值的老师们。我的长期老师罗德尼·史密斯（Rodney Smith）教给我很多关于达摩的知识，这些年来，他一直是一个富有关怀心且明智的指导者。还有很多人也对我产生了较大的影响，包括他们教给我的禅修和所写的书：莎伦·萨尔茨堡（Sharon Salzberg）、豪伊·科恩（Howie Cohen）、盖伊·阿姆斯特朗（Guy Armstrong）、一行禅师（Thich Nhat Hahn）、约瑟夫·戈德斯坦（Joseph Goldstein）、杰克·康菲尔德（Jack Kornfield）、佩玛·丘卓（Pema Chodran）、塔拉·布莱克（Tara Brach）、塔拉·贝内特戈尔曼（Tara Bennett Goleman）、拉姆·达斯（Ram Dass）、艾克哈特·托尔（Eckhart Tolle）、利·布拉辛顿（Leigh Brasington）、杨增善（Shinzen Young）、史蒂夫·阿姆斯特朗（Steve Armstrong）、卡马拉·马斯特斯（Kamala Masters）和乔·卡巴金（Jon Kabat-Zinn），在此列出的只是部分人的名字。

我也一定要感谢保罗·吉尔伯特（Paul Gilbert）对自我关怀的想法和研究，以及他对我工作的鼓励。感谢我的“好搭档”克里斯托弗·肯·吉莫，他既是很好的朋友，也是令人惊讶的同行，希望将来我们能够继续一同教授和写作关于自我关怀的东西。我要感谢马克·里瑞（Mark Leary），他给了我第一次机会出版有关自我关怀的理论和经验的文章。他也是一名卓越的研究者，我衷心感谢他能够对自我关怀的研究感兴趣。可能还有很多人在这本书的写作中扮演了必不可少的角色，因为太过冗长就不再一一提了。

致谢最后，要感谢我的母亲和父亲，在我还是个孩子的时候，他们用各自的方式将我的思想和心导向灵性，让我的人格形成于对觉醒的渴望中。

目 录 CONTENTS

PART IV 人际关系中的自我关怀

I

PART

为什么自我关怀

1 揭秘自我关怀

执念于一己并不等同于爱自己……
爱自己喻示着适应、关怀和理解的能力，
这是生活的一部分。

——莎朗·萨兹伯格（Sharon Salzberg）
《慈爱》（*The Force of Kindness*）的作者

置身于竞争如此激烈的社会中，到底有多少人真正对自己满意过呢？自我感觉良好，特别是体验到自身优于一般人的价值感，非常短促易逝；而些许的不足似乎就是一场失败。记得我还是大一新生的时候，在为赴某次聚会而准备数小时之后，向我的男朋友抱怨说，我的发型和装束未免太逊了。他努力安慰我道："别担心，你看起来很好。"

"很好？嗯，那就好，我一直想要的就是很好……"

想要出众并不难理解。但是问题在于，不可能每个人在同一时刻都超过别人。尽管我们有许多方式让自己变得优秀，但总有人比我们更聪明、更漂亮、更成功。那我们该怎么办呢？解决这个问题并非易事！为了积极看待自己，我们往往鼓吹自己，贬低他人，以求在比较中自我感觉良好。但是这种策略却得不偿失，它妨碍了我们在生活中发挥自己的潜力。

哈哈镜

假设我必须让自我感觉更好，而不是让你对我产生良好的感觉，那么我到底该怎样透彻地看待你，或者换言之看待自己呢？举个例子，因为工作我已经疲惫不堪，在丈夫很晚回家之后，我对他大发脾气（纯属虚构）。如果我竭力追求积极的自我形象，并且不想看到自己不光彩的一面，我就会曲解所发生的事情，把两人之间的摩擦都看成丈夫的错，而不是自己的。

“好，你回来了，我让你买的东西你买了吗？”

“我才刚进门，不该问候一声‘亲爱的，看到你很高兴，今天过得怎样’吗？”

“嗯，如果不是因为你那么健忘，或许我就不会那么急切地问了。”

“事实上，我确实买了。”

“哦……呃……这可不同寻常啊，但愿你以后也不会像以往那么不靠谱。”

这可不是幸福的秘诀。

为什么我们不愿承认脱离常规之后的粗鲁和不耐烦呢？那是因为把自己的缺点和不足投射到其他人身上会让自我感觉更好。这是你的错，不是我的错。设想一下此情此景中的所有辩解和抢白。每个人都会因说错话或做错事而责怪他人，以此来证明自己做法的合理性，似乎我们的生活就系于此；但与此同时，我们的内心却又深知：一个巴掌拍不响。究竟我们还要在这样的事情上浪费多少时间？若我们能平心静气、坦诚相待，岂不更好？

但是，说来容易，做起来难。如果我们不能透彻地看待自己，也就不可能留意到自己身上引发问题的点，也不可能留意到妨碍自身潜力发挥的方面。如果我们无法承认自己的缺点，又怎能一步步成长呢？忽视自己的缺点，认为自己的问题和困难都是他人的责任，可以暂时让我们感觉良好；但是长此以往却对我们有百害而无一利，让我们陷入停滞不前和冲突的恶性循环之中。

自我评判的代价

不断满足积极自我评价的需要似乎有点儿像饮酒，虽然甘醇，却留有后患。而就在隐患暴露之余，我们也恍悟——不管我们是否情愿，不能总把问题归咎于他人。我们不能总是感觉非同一般、出类拔萃。现实是残酷的。我们照了镜子，却不喜欢镜中的自己，于是羞愧开始萌生。当我们最终承认自身的瑕疵和缺点时，大多数人都会苛求和为难自己。“我还不够好，我简直一无是处。”如果“诚实”要遭受如此严厉的指责，也难怪我们要对自己隐藏实情了。

在某些方面，糊弄自己似乎要难得多——例如，当把自己的身高同杂志模特儿比较时，或者把自己的银行账户同富人比较时——我们可能会痛不欲生。似乎对自己失掉了信心，开始怀疑自身的潜力，进而不再抱有希望。自然，这种懊悔的状态只能导致更为严厉的自我苛责，就像我们变成了一事无成的失败者，并一直这样沉沦下去。

即使我们做到了言行一致，足够好的标准似乎还是遥不可及。我们必须聪明、健康、时尚、幽默、成功和性感，还要虔诚。不管我们做得有多好，似乎总有人做得更好。如此一来，结果令人深省：数百万计的人每天需要依靠药物来应对日常的生活，不安全感、焦虑和抑郁在当今社会随处可见。究其原因，许多都是因为自我评判，在与生活的赛跑中，一旦我们未占上风，就不停地苛责自己。

换种方式

那么解决之道是什么呢？一言以蔽之：停止评判和评价自己。不再给自己贴上“好”或“坏”的标签，以开放的心态接纳自己。友善、关切和体恤地对待自己，就像对待朋友甚至陌生人一样。我们从没有像虐待自己一样虐待过任何人。

自从我脑子里闪现自我关怀的想法之后，我的生活随即发生了变化。那年，在加利福尼亚大学伯克利分校攻读人类发展博士学位的时候，我正对博士论文进行最后的收尾工作。那段时间我的婚姻刚刚破裂，我经历了人生的低谷，处处充满了羞愧，心灰意冷。我想报名参加当地佛教中心的冥想训练班可能会有所帮助。在洛杉矶的郊区，母亲的开明和包容让我在还是孩子的时候，就对东方的宗教很感兴趣。但是我从来没有对冥想认真思考过，也不曾研习过佛教哲学，我对东方思想的接触更多地源于加利福尼亚的新时代阵线。作为探索的一部分，阅读莎朗·萨兹伯格的经典之作《慈爱》，使我发生了彻底的改变。

我知道佛教对关怀谈及很多，但是我从没有考虑过关怀自己可能和关怀他人一样重要。从佛教的观点来看，只有学会了关心自己，才能真正地关心他人。如果你继续评判和批评自己，却努力善待他人，就会人为地划分出一条边界，从而导致隔离和孤立感。而这恰恰与统一性、互容和博爱——所有宗教的终极目标——背道而驰。

还记得我与未婚夫鲁伯特的谈话，我认识他是在每周一次的佛教团体见面会上，当时我感触良多。“你的意思是在你窘迫的时候应当对自己好一些，或者当你经历艰难的时候要对自己充满关怀吗？我不知道……如果我对自己过于关怀了，难道我不会变得懒散和自私吗？”我思索了一会儿才明白过来他的意思。但我也逐渐意识到，自我批评尽管得到社会的赞成，却丝毫没有帮助，它只能让事情变得更糟。若自我批评了，我反而会感到不称职和不安全，并且向周围的朋友抱怨自己的挫败感，甚至于不敢承认自己的错误，因为我害怕随之而来的对自己的痛恨。

鲁伯特和我都慢慢地学会不再依赖外部关系去满足对爱、接纳和安全的需要，其实这些感受我们可以自给自足！这意味着，其实我们能给予自己的比能给予彼此的更多。我们俩都被自我关怀的概念所打动，以至于在岁末我们的婚礼上以“我发誓要帮你拥有对自己的关怀，那样你才会健康和幸福”一语结束自己的誓言。

在获得博士学位之后，我跟随一位研究自尊的重要学者进行了两年的博士后训练。我想更深入地了解人们如何决定他们的自我价值感。很快，我获知自尊并非心理积极健康的终极标志。尽管数以千计的文章已经论述了自尊的重要性，研究者最近也开始指出人们为了获取和维持高自尊感陷入深深的陷阱：自恋、自我沉醉、自我愤慨、偏见和歧视，等等。我意识到自我关怀或许是对自尊无休止追求的变通之法。为何如此说？因为它同自尊一样对自我批评进行了保护，但是却没有必要把自己看成完美无缺的超人。换言之，自我关怀包含了高自尊的益处却没有其坏处。

在我获得位于奥斯汀的得克萨斯大学的教职资格时，遂决定一旦安定下来，我将进行有关自我关怀的研究。尽管还没有人从学术的角度对自我关怀进行过界定，更别说对其进行研究了，但我明白这会是我一辈子的事业。

那么究竟什么才是自我关怀呢？它到底意味着什么？一般而言，我发现描述自我关怀的最佳方式就是以人们更为熟悉的经验开始——对他人的关怀。毕竟，关怀都是一样的，不管它指向自我还是他人。

关怀他人

设想一下，在上班的途中你遇到了堵车，一位无家可归的流浪汉想给你清洗车窗来换取一块钱。“他也太碍事了！”你自忖道，“他会让我错过红绿灯而迟到的，他可能只是想要些钱买酒或者嗑药吧。或许我不理他，他就会走开的。”但是他却不依不饶，在他给你洗车窗的时候，你坐在那儿愤恨不已：如果你不抛给他钱，你会因此而内疚；可如果给了，你又不甘心。

又一天，你因为雷雨被困住了，同一个路口，同样的红绿灯，同一时刻，一位无家可归的流浪汉像往常一样提着水桶和橡皮清洁刷站在那儿。但是出于某些莫名的原因，今天你改变了对他的看法。你把他看成一个人而不再仅仅是一个麻烦。你留意到他的遭遇。“他靠什么来生活呢？大多数人都会把他轰走，他就这样一整天都在车辆尾气中，肯定收入不多，至少他在努力提供些什么来换取收入。如果有人总是对你横眉怒目，一定也会让你难堪不已。我想知道他经历过哪些事情，以致沦落至此。”彼时彼刻，你把那个流浪汉看成有血有肉的人，他在遭受痛苦，你的心和他连在了一起。令你惊叹的是，你不再不理他，而是和他攀谈起来。你被他的痛苦所打动，想着要以某种方式去帮助他。如果你所感到的是真正的关怀，而不仅仅是可怜他，你会对自己说：“如果没有上帝保佑，我大概会和他有着一样悲惨的经历。如果我出生在另一种环境下，或者仅仅是因为不走运，我可能也会如此痛苦挣扎，我们其实都很脆弱。”

当然，也有可能你会变得冷酷无情——你害怕沦落街头、衣衫褴褛、蓬头垢面，从而让你颜面尽失。许多人都会如此。但是这样并不能让他们感到快乐，也不能让他们应对工作上的压力以及面对爱人和孩子时的无力。这样根本无助于直面自身的恐惧。若非要说有什么用的话，铁石心肠会让你感觉比流浪汉好些，不过却让整件事变得更糟。

还是让我们假定你并没有无动于衷，你确实体验到了对那个无家可归流浪汉的关怀。那么感觉如何呢？事实上，感觉起来颇好。在你敞开胸怀的时候的确很好——你立刻就会更多地感到万物相通以及生命不息。

回过头来，如果那个流浪汉没有试着以清洗车窗换取报酬，或者他只是乞讨些钱以满足买酒和嗑药的恶习，你仍然会关怀他吗？是的。你不必邀请他来你家，你也不必给他一块钱。如果你感到有责任做些什么的话，你可以只是对他报以微笑或者给他一个三明治。他仍旧值得关怀，所有人都值得。关怀不只与那些无辜的受害者有关，它与每个为失败、弱点或者失策所累的人都息息相关。不言而喻，你我的生活就是如此。

关怀是对痛苦遭遇的察觉和洞悉。它还是对身陷苦境的人的善意，所以关怀的欲望——排忧解难——就应时而生。最后，关怀还认可我们共同的人类境遇——它布满瑕疵，不堪一击。

关怀自己

自我关怀，按照定义，与关怀他人包含了同样的品质。它需要我们停下脚步，认可自身的遭遇。如果我们甚至都不承认它的存在，便不可能被自身的痛苦所打动。当然，有些时候我们会被自身的痛苦所蒙蔽，对任何事情都视而不见。虽然如此，我们更多的时候还是没有承认所遭遇的痛苦。西方文化有很强的“咬紧牙关”的传统，我们被灌输勇往直前、不应抱怨的思想。即便我们身陷困难或者窘境，也罕有人会花时间退一步承认当时的艰难。

当痛苦源于自我评判——如果因对某个人失仪，或者在聚会上失言而对自己愤怒不已——我们更不可能承认此时的痛苦。就像之前我问候一个朋友，因好久不见，我发现她的肚腩微隆。“你有喜了吗？”“呃……没呢，”她说，“我只是最近有些发胖了。”“哦……”我的脸立刻就红了。通常，我们并不会承认那一时刻的痛苦值得关怀。然而，终归是我大煞风景，难道就不应该受到惩罚吗？嗯，如果是你的朋友或者家人搞砸的，你会因此而责罚他们吗？好吧，也许有些时候会，不过这样你会高兴吗？

每个人都会时不时犯错，人生大抵如此。为什么谨言慎行后，就要指望所有事情都会变好呢？难道我们在呱呱坠地之前就签订了人生的契约，允诺你将会完美无缺、无往不利，你的人生将会万事如意？“呃，打扰下，肯定出了什么差错，我可是在‘一帆风顺直到终老’计划书上签过字的，我能找负责人谈谈吗？”是不是有些荒诞，但是在我们跌倒或者突遭变故后，大多数人的行为方式还是会像事情已经到了最危险的地步一样。

活在推崇独立和个人成就的文化氛围中具有诸多的负面效应，其中之一就是如果我们无法不断地达成自己的目标，剩下的就只有自责而已。而如果我们犯了过错，就意味着不配再得到关怀，这样对吗？其实每个人都值得关怀才是真理所在。作为生活于这个星球上具有意识的人类，其本身就具有内在的价值，同样也值得关爱。其实，这也是《独立宣言》的普世情怀：“我们主张的这些真理不言而喻：人人生而平等，并被造物主赋予不可让渡的权利，包括生命权、自由权以及追求幸福的权利。”我们无须为关怀争取什么，它已是我们生而有之的权利。作为人，我们具有思考和感受的能力，并且抱有对幸福的渴望，所有这些让关怀本身呼之欲出。

尽管如此，许多人却会抵制自我关怀的想法。它难道不是可怜自己的另一种形式吗？或者就是放任自己的文字游戏？在本书中，我会证明这种观点的错误之处，它与自我关怀的真实意义截然相反。正如你会看到的，自我关怀会产生对自身健康和幸福的追求，从而会激发改善个人状况的积极主动的行为。自我关怀并不意味着我的问题比你的更重要，它只是说明我们的问题同样重要，值得关注。

也就是说，不要因过错和失败而自责，你反而可以利用痛苦的体验软化心肠，抛却那些让人气馁且遥不可及的完美期望，开启真实又持久的满意之门。那一刻你所需要的仅仅是给予自己关怀而已。

在过去十年间，我与同事所做的研究显示，自我关怀是通往幸福和惬意生活的康庄大道。给予自己无条件的关切和安慰，同时感受人们所有的体验，尽管困难依旧，我们却避免了恐惧、否定和疏离的袭扰。同时，自我关怀还滋养了幸福和乐观的积极心态。正是因为有自我关怀的呵护，我们才能健康成长，也更懂得即使身处艰难时刻也能感恩生活的多姿多彩，一路风雨无阻。当焦灼得到关怀的抚慰，是非也变得清晰可辨，它指引着我们奔向快乐的源泉。

自我关怀提供了一方静谧的世外桃源，让我们远离无休止的“好”与“坏”的自我评判，停止问“我和他们一样好吗？我已经足够好了吗？”这种问题。在这触手可及的地方，我们拥有了获得长久以来深深渴望的温暖、支持和关爱的方法。借助对内心仁爱之源的叩问，对人类所共有的不完美处境的承认，我们开始获得更多的安全感、更深的融入感以及更为真实的存在感。

自我关怀的许多方面像魔法一样，具有化苦为乐的力量。在塔拉·贝内特戈尔曼的著作《情绪炼金术：心智如何治愈心灵》（*Emotional Alchemy:How the Mind Can Heal the Heart*）中，她使用炼金术来比喻以关爱之情拥抱痛苦之后的精神和情绪转化。当关怀降临时，消极自我评判的死结开始松解，而代之以宁静与融和——就像在煤炭中找到了闪耀的钻石。

练习一
你会怎样对待自己以及你的生活?

通常你会对自己做出怎样的反应?

你会评判和批评自己的哪些方面?外表、职业、社会关系、对子女的照料,等等。

在你留意到自己的某些缺陷或者错误的时候,你会以什么样的口吻对自己说话呢?你会责骂自己,还是会用更为亲切和理解的语气?

如果你对自己非常苛刻,这么做让你的内心感觉如何?

苛责自己的后果是什么呢?它让你更有动力,还是让你更为气馁和消沉?

如果能如实地接纳自己,你会感觉如何?让你害怕,还是给你希望,或者兼而有之?

通常你会对生活中的困难做出怎样的反应?

面对生活的挑战时,你会如何对待自己?会忽视所遭受的痛苦,仅仅专注于改善问题,还是会停下来给予自己关心和安慰?

你往往会在困难面前无法克制自己,结果表现出不必要的小题大做吗?还是倾向于采用平和的处理方式?

在遇到过错或者苦难的时候,你会与别人拉开距离,感到其他人都比自己过得好吗?还是会试图提醒自己所有人都会体验到生活中的艰辛?

如果你感到缺乏足够的自我关怀,那就该自我反思——你是否过度自我批评了。如果是这样,请马上停止。试着体恤一下,生活于当下极端竞争的社会中要做一个十全十美的人该有多难。我们的文化并不推崇自我关怀，而恰恰相反，我们被告知，不管多努力都不为过。是到了该改变的时候了。我们能从自我关怀中获益良多，而现在正是起航的最佳时机。

所有这些与你有什么关系呢？此处的练习以及随后的每一章都会帮助你了解到不停地自我评判是如何对你进行戕害的。当然也有很多练习会帮助你形成更强的自我关怀，让它成为你日常习惯的一部分，从而树立起更为健康的与自我对话的方式。你可以通过我在研究中编制的自我关怀量表精确地测定自己的水平。请访问我的网站（www.self-compassion.org），然后点击“Test your level of self-compassion”链接。在回答完一系列问题之后，你的自我关怀水平就会被计算出来。如果你想记录自己分数的变化，在读完此书之后你可以再次进行测量，看看练习是否增加了自己的自我关怀水平。

你的自尊水平不可能一直高高在上，你的生活也不可能总是完美无缺——但是，自我关怀就在那里，不离不弃。不管你处在人生的低谷还是高潮，自我关怀都会帮你前行，助你更上一层楼。虽然打破自我批评的顽习需要时日，但是在每天结束的时候，你所需要做的仅仅是放下包袱，还生活本来面目，对自己打开心扉。改变生活远比你想象的要简单得多。

练习二
通过写信探索自我关怀

第一部分

每个人总有对自己不满意的地方，这些瑕疵会让他们感到羞愧、不安全，或者是“没有足够好”。如果人类的生存条件是不完美的，失败和不完善的感觉就是生活经历的一部分。试着思考这样一个问题：是什么让我们对自我的感觉变得消极（外表、工作关系，等等），这些方面是如何让我们感受到害怕、悲伤、沮丧、不安全和愤怒的？当你想到自己不满意的地方时，会出现什么样的情绪？请试着尽量诚实地对待这些情绪，不要压抑它们，同时也不要夸大它们。试着去感受你自己真实的情绪——不要夸大也不要缩小。

第二部分

现在，构思出一个虚拟的朋友，他/她会无条件地爱、接受、宽容和关怀。想象这个朋友能够理解我们所有的优点和不足，包括你刚刚想到的。仔细思考这个朋友会如何对你，怎样去接受和关爱真实的你，包括你所有的不完美。这个朋友会认识到人性的不足，宽容和原谅你的缺憾。在这个朋友的至理名言中，他/她能够理解你的生活史，通晓在你生活中发生的数百万计的任何事情（这些事情创造了当下的你）。你的不足与很多事情有关，而这些事情你没有选择的余地，你的基因、你的家庭背景、生活环境——完全不受你的控制。

从这个虚拟朋友的视角，给你自己写一封信——集中于你认为的自身的不足。从一个朋友的角度（这个朋友对你有无限的关怀），他/她会对你的“瑕疵”做出什么反应，会说什么话？这个朋友如何向你传达他/她深深的关怀？尤其是在你对自己感到不自在，进行严厉的自我批评时。这个朋友为了提醒你，你只是人类的一员，所有的人都有自己的优点与不足，他/她会在信上写些什么内容呢？如果你认为这个朋友会给你一些建议，认为你应该做出一些改变，那么这些建议会如何体现无条件的理解和关怀？当你从这个虚拟朋友的角度给自己写信时，试着让你的信包含强烈的接纳、友善、关怀，以及对自己健康、快乐的渴望。

在你写完这封信之后，把它放到一个地方。过一段时间，再拿出来读一遍，真正理解信的含义。体会关怀涌入心中，就像在炎炎夏日里迎接一缕凉爽的微风。爱、联系、接纳是你与生俱来的权利。为自己发声，你只需要看清自己内心深处本来的样子。

2 终结疯狂的行为

内心的自我是什么，
沉默的观察者，严厉而寡言的批评者，
恐吓我们，鞭策我们走向徒劳无功。
最后，因咎由自取的过失而更加严厉地评判我们？

——T. S. 艾略特（T. S. Eliot）

《老政治家》（*The Elder Statesman*）

在深入了解自我关怀之前，我们有必要了解一下不健康的心理习惯。随着对心灵工作状态的洞悉，我们逐渐开始意识到：为了让自我感觉更好，我们是怎样扭曲对整个世界的感知的。就好像只有不断地矫饰自我形象才能使之符合我们的喜好，甚至会不惜歪曲现实。不过，当理想受挫的时候，我们又会无情地批评自己，程度之严厉又走向另一个极端。其结果就像一幅萨尔瓦多·达利（Salvador Dalí）的画（诡异程度有过之而无不及）。尽管如此，在了解到自我关怀可以成为取代此种疯狂之举的变通之道时，对自我的种种不适应评判也可以轻而易举地结束。“我是如此自负，该谦虚些！”又或者，“我是如此消沉，该悦纳自己些！”即使效果不能立竿见影，结束对自己的苛责仍非常重要。而真正能感到自我关怀的不二法门则是意识到周而复始的神经过敏并非我们所能左右，它们与生俱来，无所不在。

简言之，我们的的确确拥有各种不足——它们是人类遗产的一部分。

我们为何在让自己心里更好过而扭曲事实和无情的自我批评之间摇摆呢？这是因为我们渴望安全。不管是作为一个物种，还是单一的个体，人类的发展都是基于基本的生存本能。由于人类往往生活于有等级制度的社会群体中，那些居于主导地位的个体更不容易被排斥，更容易获取有价值的资源；同样，那些处于从属地位的个体也安身于社会秩序之下。我们不愿冒被人们抛弃的风险，只要我们还想活着就不愿意。这个毋庸置疑，渴望安全再正常不过了，对于有机生物来说这是天经地义的。

更胜一筹的需要

盖瑞森 · 凯勒（Garrison Keillor）曾描绘过一个虚构的乌比冈湖（Lake Wobegon）小镇，此处“女人强壮，男人英俊，所有的孩子都非同一般”。出于此原因，心理学家有时使用“乌比冈湖效应”来描述人们自认为在许多积极的人格特质上都优于他人的普遍倾向。例如，研究显示足足有85%的学生认为自己在与人融洽相处这个方面超过平均数；94%的大学教员认为他们的教学水平要好于同事；90%的司机认为他们比其他车友的驾驶技能更高，即使最近出过交通事故。更有研究显示，人们往往认为自己更幽默、逻辑性更强、更受欢迎、更漂亮、更友好、更值得信任、更明智以及更聪慧。让人啼笑皆非的是，大多数人居然自认为比起一般人更能够审慎客观地看待自己。当然，从逻辑上来讲，如果我们的自我知觉准确无误，只有半数人认为自己在某一方面超过一般人，另一半则承认屈居一般人之下。但这种情形罕有发生。在我们的社会，甘于平庸是不可取的，所以几乎每个人都戴着玫瑰红色的眼镜，至少在顾影自怜的时候。除此之外，难道我们有更好的理由解释《美国偶像》那些资质平平的参赛者在被撵下舞台时不可置信的表情吗?

有人推想，可能视自己比一般人更优秀主要见于个体主义文化中，诸如美国，因为个体主义文化把自我抬高看作是一种生活方式。世界上其他地方就能逃脱穆罕默德·阿里（Muhammad Ali）的台词“我不是最伟大的，我是最最伟大的”吗？在集体主义文化包围下的亚洲，自大常被人们所鄙视，人们会不会更谦逊呢？答案是肯定的，大多数亚洲人都认为自己比其他人更为谦虚。研究显示，所有人都是自我拔高的，只不过仅当所在的文化推崇时才表现出来。美国人往往倾向于认为他们更为独立自主、有独创性，而亚洲人则认为自己更为合作、自我牺牲、彬彬有礼。我比你更谦虚！几乎放之四海而皆准！

我们不仅仅把自己看成更好的，也会把其他人看成更差的。心理学家使用“下行社会比较”来描述以消极方式看待他人、通过反差让我们感到更好的倾向。如果我正试图让自己光彩夺目，你可以肯定，我会给你抹黑。“尽管你富有，却秃顶啦！”这种倾向在电影《坏女孩》（*Mean Girls*）里得以生动地展示。这部电影实际上改编自罗莎琳德·怀斯曼撰写的非虚构小说《女王蜂与跟屁虫》（*Queen Bees and Wannabes*），书中描述了高中女生小团体怎样来维护自己的社会地位。《坏女孩》讲述了三位漂亮、富有、衣着华丽的女生的故事，她们似乎应有尽有，当然她们也以此自居。就像其中一位所说：“我很遗憾人们会嫉妒我……我是如此受欢迎，我也没办法。”尽管她们非常受欢迎，却被人嫉恨。这个小团体具有一本被称为“焚禁之书”的绝密笔记本，上面记载了有关其他女孩的谣言、秘密以及绯闻等。“快看，”其中一个说道，“我们从年报上剪辑女生的照片，然后给出‘真蠢（Trang Pak）’、‘是个肥婆（Dawn Schweitzer）’的评论。”当此书在校园里人尽皆知的时候，还引起了不小的风波。这部电影在美国风靡一时，在观众中引起了极大的反响。尽管情节夸张，但坏女孩（男孩）现象于我们而言并不陌生。

尽管大多数人都没有写出“焚禁之书”，但是将找出他人的缺点和瑕疵作为一种让自己感觉良好的方式则非常普遍。不然，我们又为什么会喜欢明星走光、扮丑或者发型凌乱的照片？尽管自我可以暂时得到满足，但是此种方法却有许多严重的后患。当我们总是看到他人身上的不足时，感知不免就会受到消极阴暗面的遮蔽。我们的所思所想也会变得卑劣，如此一来，我们的心理世界也会浑浊一片。下行社会比较实际上对我们有百害而无一利。把他人踩在脚下、让自己高高在上实际上害人害己，它让我们变得孤立和隔绝，而这恰恰是我们所极力回避的。

练习一
如实看待自己

许多人都认为他们在某些社会所赞许的个人特质上——诸如友好、聪明、吸引力等方面优于一般人。这种倾向有助于我们产生良好的自我感觉，但同时也会让我们感到与外界和他人的隔离和疏远。此项练习旨在帮助我们更为清晰地审视自己，接纳本来的自己。所有人都具有他们的文化所珍视的特质，有的人在某些特质上高出常人，有的只是表现平平，有的则不及常人。那么，我们能坦然地接受这种现实吗？

A. 请列出你高于平常人的5个积极特质。

1.

2.

3.

4.

5.

B. 请列出你表现平平的5个积极特质。

1.

2.

3.

4.

5.

C. 请列出你低于平常人的5个积极特质。

1.

2.

3.

4.

5.

D. 审视上面所列出的特质，你能否接纳自己的这些方面呢？人之为人并不意味着你要超过其他人。人之为人意味着你具有人的全部经验，包括积极、消极和中性的；意味着你在许多方面都会泯然众人。你会为生平所经历的种种而欣喜吗？

停止过分责备自己为何如此之难

或许更让人匪夷所思的是，为何自我批评的倾向会如此之强。就像英国小说家安东尼·鲍威尔（Anthony Powell）所言："爱自己通常不求回报。"如果我们没能如实地陈述现实以便自我感觉优于他人，又如果我们被迫直面现实使自我形象大大受损，此时会发生什么呢？十有八九库伊拉·德·维尔（Cruella De Vil）和海德先生（Mr. Hyde）就会从阴影里浮现，无情地攻击不完美的自我。自我批评的语言则像一把尖刀割在身上。

大多数自我批评的想法都采用内心对话的形式，即不断地品评自己的经历。虽然内心对话非常残酷严厉，但由于不存在社会舆论的谴责，所以我们与自己的对话通常会以这种极端残忍的方式进行。“你是如此之胖，让人恶心！”“这简直愚蠢到家了！”“你是个失败者，难怪没人想要你。”这样的自虐到处可见。轻视一切（Floccinaucinihilipilification）可被定义为习惯认定事物没有价值，这个词也是英语里面最长的单词之一了。轻视一切之谜就像它的发音一样让人捉摸不透。

尽管如此，如果我们还记得自我膨胀，那么自我批评的行为就会变得更容易理解些，它也是一类确保为社会群体接纳的安全行为。即使领头犬会率先进食，那些被其恶声相向的狗只要露出肚皮仍能够获得食物。这些狗狗已经处于安全的位置，即使是在最底层。自我批评可充当屈从性行为，因为它让我们在假想的他人面前自贬身份，以满足假想的他人对我们的评判，并获得桌子上的面包屑作为奖赏。当我们被迫接受自身的失败时，只有默许内心法官对我们的负面评价才能使其息怒。

例如，想一想人们是怎样在他人面前自我批评的。“我穿这件衣服像头牛。”“我对于掌握电脑已经绝望了。”“就我所知，我的方向感最差了！”（我通常会跑到最差的路线上去，尤其是载朋友外出时，已经迷路无数次了。）其实这就好像我们在说：“我会先发制人，在你之前批评我自己。我已经意识到我有多么的不尽如人意和不够完美，所以你就不要再说难听话，告诉我已经知道的事了。希望你会对我抱有关怀之心，而不是一味地指责，让我觉得我并非如自己所认为的那样糟糕。”这种防御性的姿态源于我们不想被排斥和放弃的天生愿望，从最为基本的生存本能来说合情合理。

父母的角色

与我们的生存最息息相关的社会群体当属家人。儿童必须依赖父母所提供的食物、安全的环境、温暖的住处才能生存。他们本能地信任父母所揭示的外界事物的意义，相信父母会帮助他们应对可怕的新挑战，使他们远离伤害。儿童别无选择，必须依靠父母才能活下去。令人揪心的是，很多父母并没有给儿童提供温暖与支持，而是通过不断地批评试图控制他们的孩子。许多人就是这么走过来的。

当母亲或者父亲使用严厉的批评作为管教孩子的手段，让他们免生麻烦（“别傻了”或者“你会被车子撞翻的”），或者变得规矩时（“如果你继续考这么点儿分的话，就甭想上大学了”），孩子也会假定只有批评才是有用且必要的动机性工具。喜剧演员菲利斯 · 迪勒（Phyllis Diller）曾注意到，“我们在孩子的头十二个月教会他们走路和说话，再十二个月教会他们坐立和闭嘴”。已有研究显示，童年期由高度批评式的父母所抚养大的孩子长大后更容易批评自己。

人们已经深深地内化了父辈的批评作风，也就是说，他们所听到的头脑中的贬低之词常常是父辈声音的回响——而这仍将代代相传。曾有一位男子告诉我：“我就是无法摆脱这个声音，我妈妈常会指责我，不管我做什么。说我吃饭像猪，做礼拜穿错衣服，还老看电视，无论什么事。‘你就从来没干成过一件事。’她曾反反复复地说这话。我恨她，发誓决不会以这种方式抚养孩子。讽刺的是，即使我对孩子而言是一位和蔼可亲的父亲，对我自己来说则是个十足的混蛋，我总是让自己身陷纠结中，比之我的母亲更甚。”具有批评式父母的人在早年的时候已习得他们自己有多差劲，以致没有权利接纳真实的自己。

批评式父母往往扮演着好警察与坏警察的双重角色，从而把自己的孩子塑造成他们期望的样子。坏警察惩罚那些不可取的行为，而好警察则奖励那些可取的行为。不过这会导致孩子的恐惧和不信任，他们很快就会明白，只有做到完美才值得被爱。但是人无完人，这些孩子会渐渐了解排斥和拒绝将不可避免。

尽管有关自我批评起源的研究都集中于父母身上，但实际情况是孩子生命中任何重要的他人（祖父母、兄弟姐妹、老师、教官）的不断批评，都会导致他们在随后的人生中体验到内心的恶魔。我有一个来自英格兰的朋友，叫肯尼斯（Kenneth），他对自己就非常苛刻。不管有多成功，他总是摆脱不了不称职和不安全感。在他讲了童年往事之后，一切也就顺理成章了："几乎我生命中的每个人都告诉过我我有多衰。我的妹妹总是最差的那一个，即使这样她也曾向我吼道'你让人恶心'，仅仅因为她觉得我喘气的声音大了些，就一直躲在被子里，直到我离开房间。我的母亲并没有维护过我，还让我向她道歉，好息事宁人。"

儿童对言语暴力的自然反应就是自我保护，而有时最为有效的防御手段就是"无短可揭"。换言之，儿童开始认为自我批评可以预防他们再犯错误，从而也规避了他人的批评，最起码可以让他人的批评显得多余从而减弱力道。当他人的言语攻击仅仅重复了你对自己所说的话时，伤害力就减弱了。

文化的角色

自我批评和无价值感的倾向还可以追溯到更大的文化框架下。生活于推崇独立自主和个体成功伦理的文化中，一个不利之处就是如果我们无法达成自己的理想，就会体验到咎由自取的感觉。

当然，不只西方人会对自己做出严厉的评判。我们最近在美国、泰国和中国台湾地区进行的一项研究显示，中国台湾地区儒家伦理盛行，也认为自我批评是一种动机驱力。儒家文化的理想是修身克己，重要的是满足他人的需要，而不是自己的。在某些国家，佛教文化在日常生活中扮演着重要的角色，例如泰国，这些国家的人们更可能自我关怀。事实上也正是这样，在跨文化研究中，我们发现泰国民众自我关怀的得分最高，中国台湾地区最低，美国居于中间。尽管如此，在这三个国家和地区中，自我批评都与抑郁和生活不满意具有很强的相关性。看起来，自我批评的影响具有普适性，尽管不同的文化对其扶持的程度有所不同。

到达终点的途径

如果我们看得更深入些，就会发现严厉的自我批评只不过是掩盖他物的一个幌子而已：控制欲。自我批评者的父母通常都过度控制子女，所以这些子女早期接受的信息也预示着自我控制的可能性。当父辈因孩子犯有过错而加以责罚的时候，儿童也会学到，他们要对自己的失败负责。其意义在于失败是个雷区，我们碰不得，而不完美则是我们能够也应该避免的。所以，如果我足够努力，就一定能够成功，难道不是吗？

这岂不是很好！就像电视节目《家有仙妻》（*Bewitched*）里面的萨曼莎（Samantha）一样，只需抽动鼻子略施咒语就行了，并且保证节食不会半途而废，重要工作不会出现纰漏，也不会因愤怒时的口不择言而后悔。但是，生活并非如此。事物总是复杂多变，我们无法完全控制外部的环境或者我们所做出的反应。指望“如果”就好像指望天空由蓝变绿一样不切实际。

然而，自我批评的过程还有另一种方式来驱遣追求优越的愿望。我们的自我概念具有多面性，从而可以让我们在任何时候认同自我的不同方面。当我们评判和攻讦自我的时候，我们身兼批评者和被批评者的双重角色。通过采择那一个手持鞭子的角色，以及这一个躺在地上瑟瑟发抖的角色，我们可以对自身的不足抱以义正词严的愤慨，而义愤感简直好极了。“至少我还后知后觉，能够鉴别出所做评论的愚蠢。”“是啊，我确实对那个人犯有不可饶恕的过错，但至少我还算秉公执正，无情地惩罚了自己。”愤怒常能给我们力量感，所以当我们因失败而惩戒自己的时候，就可以有机会对被评判的那个角色有一份优越感，因而可以巩固我们的权威。用托马斯·霍布斯（Thomas Hobbes）的话说就是：“荒谬的特权，除了人类，没有其他生物可以享有。”

通过设置不切实际的过高标准，以及失败之后的沮丧之情，我们可以巧妙地强化与高标准相联系的卓越感。在抱怨六号尺码的肥大牛仔裤，或者受到老板对年度评论的微词之时，我们似乎寄出了一则足以让我们感到高人一等的信息，对习惯于优秀的人来说，“好”还远远不够。

当自我惩罚带着一丝幽默，变得取悦他人的时候，就如常言道“与人同笑总好过被人嘲笑”。我们可以在阿尔·戈尔（Al Gore）的《难以忽视的真相》（*An Inconvenient Truth*）中找到一个极佳的例子。作为前总统候选人，在万众瞩目中走向舞台，其身后则是宽大无比的屏幕。而他走上台后的第一句话就是：“哈，我的名字是阿尔·戈尔，我过去曾是美国下任总统候选人。”通过晒自己落败的经历，戈尔让听众变得服服帖帖。不过，在健康的自嘲式幽默和不健康的自贬式幽默之间还有差异。第一个是个体足够自信，敢于自我嘲笑；第二个在于根深蒂固的有关个人价值的不安全感。

自证预言

由于自我批评通常源于非支持性的家庭背景，所以他们往往不信任他人，并且认为他们所关心的人最终都会伤害自己。由此引起的恐惧感则会一直挥之不去，从而导致人际交往的困难。例如，研究显示，高度自我批评的人往往对于情侣之间的关系不甚满意，因为他们揣测伴侣正在如同自我一样严厉地评判自己。甚至于相当中性的评价也会被误解为带有贬损的意味，从而引发过度敏感的反应和不必要的冲突。这表明自我批评者常常破坏关系中的亲密性和支持性，虽然他们正在竭力地寻求。

我的朋友埃米莉（Emily）就是这种情况。孩提时，她有些笨手笨脚，又高又纤细，并且还极其害羞。她的妈妈也常因埃米莉而感到尴尬，所以不停地告诫她：“你为什么总是蜷缩在角落里？站直了，注意礼貌。你为什么就不能像你大姐一样呢？”埃米莉长大后成为一名职业舞者，部分原因是为了安抚她母亲的批评。埃米莉美丽大方，你可能猜想找到一段好姻缘对她来说轻而易举，但是事实并非如此。埃米莉对男子很有吸引力，并且也能顺利地开始一段恋情，但是却无法持久。她言之凿凿地声称，对方认为她不够完美，对哪怕一丝一毫的怠慢都会做出过激的反应。像出差第一个夜晚忘记打电话等无心之过，都被看成是不够关心她的证据。对她新穿的衣服未加赞美也被解释成认为她丑。这些过度的反应终于让她的男朋友忍无可忍，离开了她。如此一来，埃米莉所一直害怕的拒绝再一次转变成了现实。

更为糟糕的是，严厉批评自己的个体，在他们选择伴侣的时候，常常首先变身为自己最恶劣的敌人。社会心理学家比尔·史旺（Bill Swann）论证，人们依其长期秉持的有关自我的信念和感受而被他人了解，即所谓的“自我验证理论”。也就是说，他们渴望自身的自我观得到验证，因为它有助于提供生活中的稳定感。他的研究显示，即使人们对自身做出了极其消极的评价，也会遵循同样的模式。他们试图与不喜欢自己的人交往，结果他们的体验似曾相识，并且一以贯之。

所以，现在你该知道为什么你——或者成就非凡的朋友——总是爱出错的原因了吧。自我批评者往往被品头论足的伴侣吸引，因为他们印证了自己的无价值感。相比于无所适从，排斥的肯定反而让他们安心。这就是人们所知的魔鬼。不幸的是，我对这些不健康的模式也已司空见惯了。

我的故事：被抛却与不可爱

我自认为还不是一个残忍的自我批评者；不过，我也未能免俗。值得庆幸的是，我有一位慈母，在我长大成人的过程中没有对我横加批评。但是我依然相当的糟糕。自我批评在我们的社会很常见，对女性而言更是如此。我也被困扰过许多女性的问题所折磨着：父女问题。

我的母亲和父亲在南加州的校园里邂逅。她是一位返校节女王，其丝带、鞋子和手包总是相得益彰；而我的父亲也是校园里的风云人物，聪颖、强健、帅气并且志向远大。在他毕业之后，他们就结婚了，在城郊租了一套房子，并且有了两个孩子——一男一女。很快我的父亲就成为所在公司年轻有为的执行主管，而我的母亲则辍学居家照顾孩子。美国梦啊！那个时候，20世纪50年代已经过去，正值60年代——史无前例的社会大变革时代。

我的父亲也卷入了周围的变革中，并且感到他的生活已经成为一种禁锢，但是他却未能以成熟的方式应对。在我还仅有三岁的时候，他离开了我的母亲、我的兄弟和我，摇身一变成为一名嬉皮士，去了夏威夷茂伊岛上的一个小公社。那儿与我们所在的洛杉矶远隔千山万水，我也只能两三年才见他一面，并且主要是在暑期中相见。在我们探访他的时候，尽管他的慈爱依然深沉，但是由于深陷嬉皮之中无力自拔，以致他无法明辨洞察，他甚至不承认抛弃了我们。“这就是我们的业障。”他慨言。

在我八岁的时候，有一次我们用“爸爸”的称呼问了他几个问题，他转过身来对我和我的兄弟郑重说道，不要再叫他爸爸了。他想让我们使用他的新名字，“狄俄尼索斯（Dionysus）兄弟”，因为“在世界末日的时候，我们都是兄弟姐妹——上帝的孩子”。我曾一度小心呵护我们之间不堪一击的父女关系，不过那时看来父亲已经断然拒绝了他的父亲角色。父亲已经离我们远去了，无论在情感还是空间上。我一下子就崩溃了，但是我不能哭，也不能表现我的反应。我不想冒险失去仅存于我们之间的那一丝温情。所以二十余年来，我发现自己一直处于尴尬的境地，不知该如何处理我们之间的问题——在少有的面对他的时刻。我实在无法叫出他的嬉皮士名字，所以就干脆什么也不叫了。“呃，嘿，哦，请把盐巴递给我？”不消说，这种拒绝在我的心灵留下了深深的伤痕。

你可能见过我高中时候的男朋友。尽管我品学兼优，妩媚动人，待人友好，但是基本上只喜欢那些不喜欢我的男孩子。我被他们深深地吸引住了，尽管他们吸引力平平，对我也没有献殷勤。我对自己的价值一无所知，某种意义上，我试图再次体验与我父亲之间的关系——可能无意识中希望把拒绝感神奇地转变为接纳。最终，我的所有男朋友都甩了我，虽然当时曾让我大感意外，但现在看来似乎也讲得通。我只是再现了某种场景，印证我是个无人喜爱、被人遗弃的女孩子而已。

到底有多糟

虽然这份不安全感曾让我做出过愚蠢的决定，郁郁寡欢，但这还不算最糟糕的。让人遗憾的是，自我批评的破坏力甚至更强。不胜任感以及自卑感通常与自我伤害的举动联系在一起，如嗑药、酗酒、飙车、自残等，这些实际上都是外化或者释放痛苦的尝试。极端情形下，如果自我批评一再得不到认可，自我抨击演变成一种生活的方式，某些人可能会走向不归路，以逃避现实的痛苦。许多大样本的研究表明，极端自我批评者更可能选择自杀。羞耻感和无意义感会让人们把自己看得一无是处，以致摧毁了我们最为根本的生存本能——生存意志。把自我批评者和自杀联系在一起的思维模式，可以从下面这位抑郁症患者的博客中看得一清二楚。

> 我的全部生活都沉沦了。我总感觉好像哪儿出了问题，让我愚蠢、丑陋、污秽。我想多交朋友，却不知如何入手。曾经我也有一两个朋友，但最终都离我而去。他们有些人背弃、伤害了我，也不知道我究竟做了什么让他们恨我如此之深。我不能公开地说太多，因为言多必失，有人可能因此而嘲笑、羞辱我。即使有人很友好，想和我交朋友，我最终也会把他们“赶”走。我孤独落寞，死了才会解脱吧。我想过死，因为我一无是处，无人怜悯。我也不爱自己。痛快地死去总好于只剩下一具躯壳。

上述悲剧性的想法可能比我们所料想的还要普遍。在全世界，每年大概有一两千万的人试图自杀。遗憾的是，这一令人震惊的暴力举动通常只是我们并不陌生的内心暴力 严厉的自我批评的外部表现而已。

出路

尽管看清自己心理的模式对每个人而言都很重要，但同样重要的是，我们不能对此妄加评断。如果你习惯于自我批评，请记住你的行为实际上只是自我关爱的一种扭曲形式，它在试图让你安全无虞，一切有条不紊。如果你认为苛责自己都是徒劳，你也就不会苛责自己了。但是就像仇恨无法克服仇恨而只能强化一样，自我评判也无法停止自我评判。

消除自我批评的最佳方式是理解它，对之抱以关怀之心，并代之以更为友善的反应。通过让自己感动于自我批评时所经受的痛苦可以增强自我疗愈的欲望。在漫长的自我批评之后，我们最终会决定：够了够了，该是结束自虐式痛苦的时候了。

值得庆幸的是，我们实际上还给自我提供了渴望已久的安全感和充实感。我们开始意识到，弱点和不完美是人类共有体验的一部分。我们能体验到与其他生命过客间的联系，他们与你一样有不足和脆弱的一面。与此同时，对自己优于他人的需要也会释然。我们已能看透自利式的扭曲，只不过是鼓吹了自己、贬低了他人而已。

难道有人愿意仅仅限于“完美”的标签之下？纵情于人的全部体验之中岂不是别有一番趣味？相比于把自己局限于追求完美理想的牢笼里，为什么不拥抱生活本身——不论是喜是忧？若我们就此放任自己会有什么风险吗？我们可以发现幸福，只要跟随着生命的流动，不要乱了节奏。自我关怀可以让我们以一颗明智和包容的心探索湍急的生命之流。

练习二
批评者，被批评者，关怀的旁观者

这个练习基于格式塔治疗者莱斯利·格林伯格（Leslie Greenberg）的双椅对话研究。在本练习中，来访者坐在不同的椅子上，以帮助他们接触自我相互冲突的角色，体验此时此刻不同方面的所思所想。

一开始，摆放三把空椅子，最好以三角的方位放置。接下来，回想一下那些常常困扰你、让你批评自己的问题。指定其中一把椅子作为内心自我批评者的声音，一把椅子作为被评判与批评的被批评者的声音，最后的一把椅子作为明智、关怀的观察者的声音。你要在这三者之间进行角色的扮演——只不过都是你自己。最初，你可能觉得有点可笑，但是一旦放开了情感的闸门，你就会对自己的内心感到惊讶。

1. 想一想自己的"问题"所在，然后坐在自我批评者的椅子上。在你落座之后，大声地表达出内心自我批评者的思想和情感。例如，"我恨透了你的懦弱与犹豫不决"。注意自我批评者部分的遣词和语气，以及表达的内容。是忧虑、生气、义愤还是懊恼？注意你身体的姿势，强势、僵硬还是笔直？

2. 现在，请坐到你内心被批评者的那把椅子上。试着共鸣一下你被批评时的感受。说一说自己的感受，并且直接对内心的批评者做出反应。例如，"我感到很受伤"或者"我感到孤立无援"。尽管说出跳到脑子里的话。请再次注意你的语气。难过、气馁、撒娇、害怕还是无助？此时你身体的姿势是什么样子的呢？佝偻、垂头还是蹙眉？

3. 在你的这两个角色之间进行一番对话，转换批评者与被批评者的角色。实实在在地试着体验一下各自的感受，如此一来，彼此都知道了对方的感受。让每一方都能充分地表达自己的观点，并且得到聆听。

4. 现在坐到所指定的关怀的观察者的椅子上。运用你最深的智慧，以及你关爱的源泉，处理批评者和被批评者之间的问题。你关怀的自我对批评者说了什么，使其获得了什么启迪。例如，"你的声音听起来就像妈妈"，或者"我看得出你是真的怕了，你正在帮我，所以我不会再一蹶不振了"。你关怀的自我对被批评者说了什么。例如，"日复一日地听到这些严厉的批评之词真是难为你了，我看得出你确实受到了伤害"，或者"你所需要的也仅仅是接纳自己罢了"。试着放松，开启你的心灵，让它变得温柔。关怀之词会怎样涌出呢？你的语气怎样？温柔、和蔼还是温暖？你身体的姿势怎样？不偏不倚还是放松？

5. 对话结束之后——在感觉良好的时候停止——反思一下刚才发生了什么。你是否对思维模式的来源有了新的发现？是否能以更积极的方式思考当前的处境？如你沉思之后的所得，设定在未来以更友好、更健康的方式看待自己的意愿。至此，对内心的战争可以订立停战协议，久违的和平归来。自我批评的旧习惯也可永不再统治着你。而你所要做的只是聆听久已存在的声音——明智、关怀的自我，尽管曾被雪藏。

II

PART

自我关怀的核心成分

3 善待自己

当你开始触动内心，或者内心被触动时，
你会发现它深不见底，混沌一团，浩瀚无边。
你会发现竟有如此多的温暖、仁慈以及空间。

——佩玛·秋卓

《无怨悔的世界：学习心灵安住的智慧》(*Start Where You Are*)

正如我已经给出的定义，自我关怀包含了三个核心的成分。第一，它需要善待自己，也就是说要以友爱的方式理解我们自己，而不是严厉地批评和指责。第二，它需要认识到共通人性，感受到与他人之间在生命体验上的契合，而不是被自己的痛苦所孤立和隔离。第三，它需要静观当下，即对我们的体验持以平衡的觉察，而不是忽视或者夸大我们的痛苦。为了达到真正的自我关怀，我们必须具备并且融合这些基本的元素。本章以及接下来的两章将分别论述这三个成分，因为它们同等重要，不容偏误。我们首先讲讲自我关怀中最为显而易见的成分——善待自己。

善待自己的途径

西方文化更强调友善对待挣扎中的朋友、家人、邻里，我们自己则被排除在外。当我们犯错或者失败时，迎接自己的更可能是挥之而来的拳头而不是借以依靠的臂膀。甚至，连有安抚自己的想法都会觉得荒谬。即使问题来自我们无法控制的力量，善待自己也不是文化所赞许的反应。以此类推，坚强的个体面对自己的痛苦反而应当坚忍不屈，默然以对，就像西部片中的约翰·韦恩（John Wayne）。令人遗憾的是，这种态度却剥夺了我们应对艰辛生活的四个最强有力的方式之一。

按照定义，善待自己意味着我们要停止对自我的不断评判，不再贬低大多数人都认为很正常的内心评论。它需要我们理解自己的瑕疵和失败，不再一味地加以谴责。它要求我们看到自己正在动用无情的自我批评伤害自身。善待自己意味着内心交战的终止。

但是善待自己并非仅仅是停止自我评判。它还包含了积极主动地安慰自己，就好像对待陷入窘迫的好友一样。它意味着我们可以被自己的痛苦所打动，不再絮叨："眼下还真是困难啊，我怎么才能在此刻对自己投以关切和抚慰之情呢？"因为有了善待自己，我们受苦的心灵得到了平息和安慰。只有向自己传递出了温暖、友爱和关怀的和平之举，真正的治愈才可能发生。

若痛苦是由我们一时的失足所致，这恰恰是给予自己关怀的时刻。我还记得在高中时代第一次与自己极为倾心的男孩子约会的情形。那时我有点感冒，不过也没在意。正当我们边走边说笑，我想给他留下我聪明伶俐的印象的时候，他看向我的侧面，挑起了剑眉。我停下来，猜想发生了什么。"鼻涕泡真好。"他说道。

羞耻之心让我数周都抬不起头。我觉得自己太差劲了，并且还一再地告诫自己。真希望我当时能对自我关怀有清楚的认识。

当我们跌倒的时候，不要无情地摧残自己。即使我们摔了一个大跟头，我们也仍有其他的选项。每个人都有搞砸的时候，我们需要的是善待自己。或许我们无法展现自己最好的一面，但是我们努力了，而丢脸受挫则是生命中不可避免的一部分，事实上，还是值得尊敬的一部分。

遗憾的是，仍有许多人认为他们不应该对自己友善，这样的种子甚至在童年时就已种下。即使是在那些想对自己友善一些的人中——如果可能，他们想推翻内心的暴君——也通常认为变化是不可能的。由于他们已经形成了自我批评的顽固积习，并不认为自己实际上能够善待自己。幸运的是，对自己友善远比你想的要容易。

依恋和关爱系统

我们的脑子和身体天生就具有给予和接受关爱的能力，这是遗传的一部分。我们的生存不仅依赖于战斗或者逃跑的本能，还依赖于照料和交好的本能。在威胁和压力之下，能对自己的子嗣加以保护，动物更可能把基因成功地传递给下一代，这也意味着关爱行为具有很强的适应功能。

因此，所有的哺乳动物生来就有一种依恋系统——让照料者和幼崽之间形成强烈情感纽带的一套行为。爬行动物则不同，它们一旦产下蛋之后，就不再关心它们的儿女了——事实上，还经常会把孩子吃掉。哺乳动物会花费相当多的时间和精力抚育它们的幼崽，确保它们吃饱，感到温暖、安全。哺乳动物诞生之时还不成熟，新生儿无法自己照料自己，必须依赖父母才能长大，直到它们具备了离家独立生存的能力。进化保证了哺乳动物给予和接受抚育的能力，所以父母不会在幼崽出生之后丢弃不管，幼崽也不会独自在危险的野外游荡。关爱之情对我们而言也与生俱来，少了它人类就无法生存。这意味着感受亲情和牵挂的能力是我们生物学性质上的一部分。我们的大脑事实上因关爱而存在。

著名的心理学家哈里·哈洛（Harry Harlow），作为最先关注哺乳动物依恋系统的学者之一，在20世纪50年代进行了一系列精巧的实验。哈洛研究了出生后与母亲分离、单独在笼子里成长的新生恒河猴的行为。他们的问题是幼猴究竟是花更多的时间与柔软的毛巾布做成的猴子——它至少能够提供些温暖和抚慰——在一起，还是与光秃秃的金属丝编制的猴子——虽然上面绑有奶瓶，却无法提供温暖——在一起？答案很明显。幼猴紧紧依偎着布妈妈，像是它的生命就系于此，只有在喝奶的时候才跑去金属丝做成的猴子那边。这项发现的惊人之处在于由舒适温暖的布头所提供的情感性慰藉似乎能够比食物本身形成更强的驱力。关爱与营养都是强而有力的生存需要。正如《圣经》所言，“人类仅靠面包无法生活”。哈洛把他的实验结果看成依恋系统生物学基础的证据。

约翰·鲍比（John Bowlby）是同一时期另一位有影响的心理学家，他把依恋的研究推进了一步——人类自身。他提出，若婴儿的需要得到一致性的满足就能与父母形成安全的依恋纽带。当他们不安或者害怕的时候，如果能得到父母的抚慰和支持，就学会了信任他们。每当感受到妈妈的轻轻拍打或摇动，哭泣的婴儿就会感受到世界是个安全的地方，在需要的时候可以向妈妈寻求支持。这可以让儿童以父母为安全基地，探索周围的世界，因为他们知道帮助就在身边。可是，如果父母提供了不一致的支持，或者父母冷漠甚至拒绝，儿童就会形成所谓的不安全依恋纽带。不安全意味着儿童无法相信父母能平息他们的痛苦——无法做出亲抚行为，把痛苦赶跑。他们开始习得世界不是安全的地方，他们的父母无法依赖。从而损害了儿童探索周围世界的信心——甚至能延伸至成人期。

就此而言，我们的研究结果也就不在意料之外了，我们的研究发现，不安全依恋的个体比安全依恋的个体具有更少的自我关怀。换言之，自我的内部工作模式对于我们怎样对待自己有重要的影响——抱以关怀还是投以鄙视。如果我们的内部工作模式告知我们在困境时不能依赖身边的人，那么我们将不会允许自己信赖他人。就像前一章提到的职业舞者埃米莉，很容易就假定最糟的情况，并据此采取行动，而不是让他人走进内心，再把自己的心献给他。但当我们这样做的时候实际上也切断了通往幸福的道路。

令人欣慰的是，我们的内部工作模式并非坚如磐石——它们能加以改变。由于给予和接受关爱的能力与生俱来，所以我们的依恋系统可以重置。儿童时不安全依恋的个体若在成人时找到情投意合的伴侣，最终能学习获取安全的依恋。健康的情侣关系可以让我们意识到真实的价值所在，并且值得他人关爱，当我们有所需要的时候，他人也可以信任。一些技艺高超的治疗师也可以通过给来访者创设无条件的关爱帮助他们改变不安全的依恋纽带。治疗师所提供的安全空间和深度聆听可以提取童年就形成的根深蒂固的模式，让它浮上表面，进而加以重塑。

当然，仅仅依赖他人来改造我们对自己的想法也存在诸多的问题。情侣关系可能结束，治疗师也可能离开或者让我们无力偿付。我们所依赖的人本身也可能自顾不暇——疾病、抑郁、工作压力——牵绊着他们，从而在我们需要他们的时候，无法抽身。幸运的是，我们并非只能仰赖他人来改变我们的自我观。若我们一致性地给予自己关爱和理解，也可以感受到关爱与接纳的价值。若能给予自己以关怀和支持，也会习得信任，助力就在身边。当我们蜷伏在善待自己的温暖怀抱中时，我们切实觉得安全无虞。

值得庆幸的是，埃米莉最终也学到了。她意识到，除非能对深植于人格中的不安全感抱以关怀，否则她将会一直以防御性反应驱赶身边的有情郎。所以，埃米莉开始练习对自己做出更为友善和更具包容性的反应。当每次的不安全感潮汐退却时，她会对自己默声说道：“我爱真实的自己，并且接纳真实的自己。”而当每次她开始批评自己，或者把他人的行为解释成故意拒绝时，她也会重复：“我爱真实的自己，并且接纳真实的自己。”每当再次体验到母亲的拒绝与否定所带来的痛苦，她的悲伤之泉都会涌动。但是只要重复了这个短句，她发现自己能够体验到彼时的情绪，却少了无力自拔感。

最终，随着痛苦的消退，她开始信任他人，也开始意识到了必须为他人付出，她的过往与现在之间已经不再有任何瓜葛。上次我接到她的电话得知，埃米莉已经有了意中人，他非常赏识和爱慕埃米莉，而埃米莉也能够从容地接受这份爱了。

关爱的化学成分

善待自己的力量绝不仅是一个理念——某些好的感觉，更不是无实质性的观念——不会改变任何东西。此言非虚。当我们抚平自己伤痛的时候，只是运用了哺乳动物的关爱系统。关爱系统工作的重要方式之一就是触发催产素的释放。研究者已经把它称为“爱与纽带的激素”，因为它在社会关系中扮演着重要的角色。例如，曾有一项发现显示，妊娠期的母亲头三个月催产素的水平影响着孩子出生后母子之间纽带的强度。研究者同时也发现，伴随着催产素水平的递增，信任、镇静、安全感、慷慨和关联感的水平也呈现出增长的趋势，因而也会促进对自我的温暖和关怀之感。催产素还能减少恐惧和焦虑感，抵消压力状态下血压和皮质醇的升高。

催产素在多种社会情境中都会释放，包括母亲哺乳孩子、父母与孩子互动、人们接受或给予温柔的爱抚时。因为思维和情感对我们的身体具有同样的效应，不管它们是指向自我还是他人，所以此研究表明自我关怀是释放催产素的强大扳机。

自我批评似乎对我们身体产生了不同的效应。杏仁核是脑中最为古老的结构，能快速探测到环境中的威胁。在体验到威胁情境时，战斗或者逃避反应被触发：杏仁核会发出信号，增高血压、释放肾上腺素以及皮质醇，动员周身的力量应对或者回避威胁。尽管这个系统进化出来是为应对物理攻击，但是受到来自他人和自己的情绪攻击时也能得到激活。随着时间的推进，高浓度的皮质醇会耗尽体验愉悦的多种神经递质从而导致抑郁。

神经学的研究成果也表明，善待自己和自我批评在脑中发挥作用的方式不同。最近的一项研究使用功能性磁共振成像（fMRI）检验了人们对个人失败的反应。参试者在扫描仪中看到诸如“已经接连收到三封求职拒绝信了”这样的假设情境。他们被告知想象着对此类情境以友善或者自我批评的方式做出反应。自我批评与外侧前额皮层、背侧扣带回——这些脑区通常与误差加工和问题解决有关——的活动有关。对自我做出善意和安慰的反应则与左侧颞极和脑岛——这些脑区通常是加工积极情绪和关怀的相应脑区——的活动有关。善待自己不把自己当成待解决的问题，而是把自己看作有价值的、值得关心的活生生的人。

当我们对自己体验到温暖和亲切之感时，我们也随之转变着自己的身心。再不用体验忧心和焦虑，代之而来的是镇静、满足、信任与安全。善待自己能让我们面对痛苦体验时远离恐惧之地，拥抱安全。一旦我们抛却了不安全感，就会信心十足地追逐自己的梦想啦。

练习一
拥抱练习

在你感觉糟糕，想要平复和安慰自己时，简单易行的方式是给自己一个温柔的拥抱。乍一看似乎有点傻，但是你的身体并不知情。它只会对温暖与关切的身体姿势做出反应，就像婴儿在妈妈的臂弯中的反应。

我们的皮肤极为敏感。研究显示，身体接触会释放催产素，提供安全感，平复消极情绪，减低心血管压力。所以，干吗不试一试呢？

如果你察觉到自己的紧张不安、悲伤不已或者自我批评，请试着给自己一个温暖的拥抱，柔和地轻抚自己的双臂和脸颊，或者轻轻摆动你的身体。重要的是，你要摆出一副传递爱、关切与温柔的姿势。如果其他人在你周围，你可以微微屈臂，轻轻地手握自己。如果无法做出实际的身体姿势，你甚至可以想象拥抱了自己。

注意察觉一下拥抱之后自己身体的感受，是否觉得更温暖、柔和与镇静？触及催产素系统，改变你的生物化学反应就是如此简单。

在遭遇痛苦的时候请给自己拥抱，每天数次，至少为期一周。希望你在有所需要的时候，能够形成从身体上安慰自己的习惯，充分利用这个轻而易举的方式去善待自己吧！

轻抚的力量

善待自己的温暖拥抱可以让我们承受起生命中的痛苦，它似乎提供了一种软化痛苦坚硬棱角的抚慰剂。当我们像好友一样对待自己的时候，就不会再屈服于在痛苦中挣扎的自己了。诚然，我受到了伤害，但是我也感受到了关切与挂念。我既是安慰者，同时也是需要安慰的人。此刻，除了对痛苦的感受，我还拥有更多的东西，包括对痛苦所做出的由衷反应。当我们被生活中的艰难触动时，那一刻似乎也不再像最初那般难熬了。我们调剂了自己的经验，就像一湾清泉流淌过干燥灼热的大地。

我还记得，在听说某人在背后说我坏话的时候——那个人根本不认识我，却对我的正直与诚实抱有偏见——我真的提不起精神。我感到就像被车子撞了一样。这不公平。她还真厚脸皮！她以为她是谁啊？我在头脑中创设了各种报复的情形，拆穿她的嘴脸，证明她的过错，让她因自己而感到羞耻。尽管如此，这些心理影片却使我心情更糟，让我一而再地重复着刚才的痛苦。此事也就深深地烙印在我心里了。事实上，我所需要做的只不过是对处境难堪的自己抱以关怀。我轻抚自己的双臂，以友善、关怀的语气对自己说说话。我的小可怜，刚才简直太难挨了。我安慰着自己因不公平对待而产生的痛苦。

这才是那一刻我所需要的。与其只图泄愤，还不如感受爱与理解，如实地看待自己，这才是治愈痛苦的良方。一旦我改变了自己的应对方法，瞬间就感到心情舒畅。我叫停了盘旋于脑际的报复情节，并且意识到她的个人德行与我无关；这是她自己的问题。很快，我就恢复了往日的平静，那言论对我的影响也减轻了。

把自己同友善而不是轻蔑联系起来具有高度的实用性。我们对某些个人特征往往无能为力——生而就有的特质、体形、健康、时运等。我们所能做的就是在遭遇困境时善待自己，由此我们的痛苦才可得到减轻。

善待自己最为重要的方式是改变批评式的自我交谈。马歇尔·罗森伯格（Marshall Rosenberg），畅销书《非暴力沟通》（*Nonviolent Communication*）一书的作者，曾强调自我交谈时使用关怀式而不是评判式语言的重要性。他主张，为了能与自我和谐相处，我们应该重新编排内心的对话，只有这样才能对人类的基本需要抱以关怀之心。罗森伯格提出了具体方法，包括四个简单的问题。

- 我观察到了什么？
- 我感受到了什么？
- 此刻我需要什么？
- 我对自己有要求还是对其他人有要求？

这四个问题可以让我们谛听此刻最迫切的需要。

例如，假设你正在家工作，想休息一下，喝杯茶。在你来到厨房时看到堆积成山的脏盘子。第一步，你需要留意你的自我交谈是否为批评式或评判式的。你有没有说过类似这样的话，“我简直懒到家了”？接下来的一步转向严厉言辞背后的心理感受。你是不是对自己或这个场面感到挫败或者懊恼？第三步检验驱遣你做出反应的内在需要，显然这些需要未得到满足。或许，你之所以感到受挫在于你知道应对当前的工作需要某种秩序感，厨房里的狼藉妨碍了你。最后，你还得考虑你是否需要请自己或者他人来助一臂之力才能满足某种需要。或许，你可以请你最好的朋友在你完成工作前先帮帮你，又或者你可以推迟半小时再工作，先清理一下厨房，好让自己有一份能集中注意力的协调感。重点在于你验证和聆听了此刻的真实需要。你对自己表达了关怀之感而不是简单的谴责。

练习二
改变批评式的自我交谈

这项练习应该坚持数周，最终形成一幅有关你怎样理解自己的蓝图。有些人发现写出来是应对内心批评者的有效方式，而另一些人更愿意采用心里对话的形式。如果你喜欢写写文字，然后再改正，写日记将是实现转换的好工具。如果你从来也无法做到笔记上所记的条目（就像我），那就随便找一样适合自己的方式。你可以大声自言自语，或者默默思忖。

1.改变对待自己方式的第一步是注意到你在何时会自我批评。有可能像许多人一样，自我批评的声音不绝于耳，你甚至都没有注意到它的存在。不管任何时候，只要你对某事感到很糟糕，就想想刚才你对自己说了什么，请尽量准确地记下你言语的每个字。在你自我批评的时候使用了哪些词？是那些一再出现的关键短语吗？你使用了何种语气——严厉、冷酷还是愤怒？这个声音是否让你想起了那些曾批评过你的人？你肯定想深入了解内心自我批评者，也想知道它何时变得活跃。譬如，你已经吃了半盒的奥利奥曲奇饼，你的内心是否说了“你真让我恶心”，“你都让我想吐了”等诸如此类的话。切切实实地试着了解你是怎样和自己交谈的。

2. 以关怀的方式而不是自我评判的方式，努力柔化自我批评式的声音。即不要对内心的批评者说“你真是个孬种”，而是说“我知道你只是想让我觉得安全而已，给我指出提高的方向，但是你严厉的批评与批判却无济于事。请不要再这样批评了，会徒增许多痛苦”。

3. 把内心批评者的话语以亲切、友好、积极的方式重新编排。如果你不知道该用哪些词，你可以想象一下此时你的好朋友会对你说些什么。示好的措辞有助于增强所表达的温暖和关切之情，你应该觉得这一切都是自然而然的，切勿悲悲戚戚。譬如，你可以说：“亲爱的，我知道你吃了那袋曲奇饼，这是因为你现在很伤心，你原以为吃零食可以让你振作的。不过现在似乎变得更糟，你的身体会因此不舒服。我想你快乐起来，为什么不去跑跑步，让自己舒活下筋骨呢？”在你投入到这种支持性的自我交谈中时，试着轻轻拍打自己的双臂，或者双手掩面（只要没旁人在就好）。即使最初你无法唤起自己的友善之情，温暖的身体姿势也可以启动关爱系统，从而释放催产素，改变原有的生物化学成分。重要的是如果你开始善待自己了，诚心诚意的温暖与关切之情还会远吗？

善待自己的治愈力在最近一项针对顽固性痤疮患者的研究中得到证

明。那些有着久治不愈痤疮的患者通常很消沉，体验着强烈的羞耻与自责。出于此，研究者进行了一项为期两周的干预项目，其间参试者被授之如何平复与痤疮有关的消极情绪和自我批评。例如，他们被告知：“每个人的内心都有一个批评者，它对我们充满了敌意，会说些刻薄消极的话……我们内心还有一个抚慰者（内心的关怀），它会以温暖和关怀的方式说些包容性的话语，从而能安抚我们。”他们按照指示在线索卡片上写下五个关怀式的短句，诸如，“我因为满脸的粉刺而心烦意乱，有这种想法是正常的”，或者“假如朋友变成我这样，我会接纳他，我也想这样对待自己”。他们同时也被教授了如何直面和质疑内心的批评者。在线索卡片上又写下另外五个短句，诸如，“人们不会仅仅因为我长了粉刺就拒绝我的”，或者“我有着强大的内心力量打败当前的痛苦，以及产生这份痛苦的自我批评者”。

除了完成其他的练习，如给自己写关怀式的信件（第一章的练习二），参试者随后按照指示在接下来的两周里每天阅读线索卡片三次。研究结果发现，干预措施显著地降低了人们因痤疮而生的抑郁和羞耻感。饶有趣味的是，让人烦恼的痤疮居然也得到了缓解，灼热感与刺痛感大为降低。

当我们直面人类的美中不足时，可以投以亲切和友爱之情，或者也可以大加挞伐。但是问题在于我们究竟想要助长自己怎样的心灵。虽然我们无法停止指责性的想法，但却可以不去怂恿或相信这些想法。如果我们能以温柔和理解之情束缚住自我评判，自我轻视的力量因少了养分和供给，最终也会凋败。对自身的痛苦抱以友善的态度，我们就能过上其乐融融的生活。尽管更大的文化环境并没有教授我们此种习惯，但是变化仍有可能。且听我的现身说法。

我的故事：人无完人

正如我在此书开篇所提到的，我第一次知悉自我关怀是在一个佛教冥想小组里，那是在我研究生学习的最后一年，我加入了这个小组。之所以加入是因为我总是沉溺于羞耻、内疚和无价值感的旋涡中。我不顾一切地寻找着发现内心平和的方法。在与鲁伯特定下结婚日期之前的几个月里，我还一直陷入此前一团糟的个人生活中而无力自拔。

此前，我曾跟一名叫约翰（化名）的男子结过婚，我们是在大三的时候认识的。我还想历经坎坷之后，终于遇到了自己的守护者。约翰英气逼人、聪慧博学，不过他偏好品头论足。我的缺点一直让他耿耿于怀，由此也让他动了分手的念头，不过我反对。在我心目中，他从来都是不二人选。当然，他的拒绝也让我欲罢不能。我使出浑身解数想挽留住他，最终，我们走在了一起，几年之后我们结婚了。

基本上，约翰还是个称职的丈夫。但是他爱评判挑剔的本性让他对任何灵性的东西都持极端的怀疑论。他当然也不赞成伴随我长大的灵性信念——他称之为胡说八道，在我面前也毫不讳言。由于我极度渴望得到爱与认可，我开始改变自己，以符合他的标准。我也渐渐地成为一名怀疑论者，放弃了此前对我而言最为重要的东西——与上帝的关系，我常常把它看成宇宙意识。公允而言，我也曾质疑过童年期所深信不疑的轮回、业障、成佛等概念。谁又能说清楚这些理念是真实的，抑或只是人们的一厢情愿——美好的幻想呢？约翰的怀疑论对我的信仰危机是个绝佳的跳板，所以我义无反顾地跳了上去。

我们相处之后不久，我就放弃全部的灵性追求，考入了伯克利的研究生院，成为一名心理学研究者。理性成了我的新上帝。这段时间持续七年之久。但让我始料不及的是，我在向灵性关闭心门时，也封闭了我的内心。

理性不足以让我感到幸福，但我却浑然不知。我的婚姻也并不幸福，但是因为稳定，也没有明显的问题，我的不满意感大部分都潜藏在心底。我从来也没有体验过被爱人珍视、呵护与怜爱的感受。于是，我猜想只要他不离我而去，和他待在一起就是好日子了。

直到我遇见了更为年长一些的那个他，就叫他皮特吧。皮特能够理解和赏识真正的我，也比我更富有智慧与阅历。在一年多的时间里，我们的友谊日渐亲密，皮特与我发生了婚外情。我可以把此前不敢示人的事情都说给皮特听，这也让皮特对我情意更浓。与他在一起让我体验到从未有过的幸福感。我的心随之开启，感受到比以往任何时候都更为强烈的朝气蓬勃与自我接纳。我灵性的一面重新被唤醒，长久以来第一次觉得功德圆满。毫无疑问，皮特比我年长也在其中起了推动作用。他对我的渴望或许可以在某种程度上补偿父亲对我的罔顾。

尽管如此，我却因对约翰的不忠而惶惶不可终日，我实在无法承认所发生的事情，甚至对自己也是如此。自我批评让我不能坦承我做过的事情——如此严厉的谴责，让我非常痛苦。我的人格似乎出现了分裂，生活的每一面似乎都被完全地割裂开来。那三个月是一段充斥着谎言与自我欺骗的时光。事实上，真相大白的时候，我如释重负。

长话短说，我离开了约翰，与皮特在一起，想着我们是注定要永远在一起的心灵伴侣。如果不是这般纯粹与高尚，我又怎么解释由此给我的丈夫带来的痛苦呢？不过，皮特并没有离开他的妻子。

我陷入了人生的低谷。我痛恨自己伤害约翰如此之深，但是我也同样痛恨皮特没有与我结婚。感谢上帝，我被安排去印度一年，进行我的学位论文研究。（议题有关印度婚姻中权利和责任的推理，于我而言，权利和责任都没有，剩下的只有讽刺而已。）在国外的时间可以让我暂时逃离，舔舐自己的伤口。在印度，我遇到了鲁伯特，他是一位英国的旅行家，正在写一本有关宗教的指南。虽然我告诉他当时我有多么心绪不宁，最好不要和我沾上关系——对他而言这就好像在对着一头斗牛摇晃红色的旗子，但我们之间相处得还不错。

在我最终返回伯克利完成学位论文的时候，还得面对我抛诸身后的乱局。向约翰道歉已于事无补，他仍狂怒不已，还没打算原谅我。时至今日，仍没有。但是责怪皮特同样于事无补。在得知我们分手后没多久他被查出癌症晚期，生命只能维持几个月的时候，已由不得我生气了。

也正是在这个时候，我开始在每周一次的佛教速成班上进行有关自我关怀的学习。你可以想象这对我来说简直是救命的灵药。我开始逐渐减少对自我的指责与评判，对我童年的创伤也抱以更多的关怀，接受导致不忠行为的种种不足。我唯愿自己之前能够更加成熟，意识到婚姻中的危机，并以更为体面的方式加以改变。唯愿之前能够更为明智，能看得出生机与激情之源并非在爱人身上，而是在于自己。但我当时却没有这么做。我辜负了自己的理想，尽管人人都是如此。

不过，对我来说却难以远离自我批评。回首往事，不难发现我正试图不惜一切地挽救我的自尊。即使周身其他地方都已坏掉，但对自己的不断评判与批评这一部分还是存在的。

另一绊脚石则与原谅了自己无异于替自己开脱的想法有关。但是让我吃惊的是，我发现在我开始以善意、关怀的方式接纳自己的时候，我对曾伤害他人的事实反而变得更为坦诚。不只限于约翰，还包括皮特和他的妻子。皮特的阅历和见识远胜于我，他也认识到我对年长男子的澎湃激情不可能持久。我必须承认他可能是正确的，我似乎把皮特当成了逃避不幸婚姻的避难所。尽管当时我还不曾察觉，一旦得逞，我也就弃他而去了。他选择与妻子在一起是明智之举，他的妻子是他在化疗期间的坚强后盾与力量源泉。

让我惊叹的是，自我关怀修行赋予了我洞悉自己的神奇能力，也让我从过错中吸取教训。一旦我不再畏缩，重拾了勇气，反而可以更清楚地看到自己错在哪儿。我在未婚夫鲁伯特的协助下，与皮特携手走过几段山地远足，最终我们谅解了彼此，毕竟皮特有限的时日也由不得我们拖延。我懂得了为什么我们会做出各自的选择，虽不完美，但生命不就是这样吗？

在皮特离世之后，我最终消除了自己的羞耻感与自我评判。揪住自己的弱点和不成熟不放、无情地自我抨击完全是在浪费时间，于人于己都毫无益处。给予自己友善和理解才是治愈的开始。内心的温暖、祥和与镇静不仅给我带来了幸福，也可以让我在与鲁伯特的相处中付出更多。

一件珍贵的礼物

自我关怀是一件人人都触手可及的礼物，只要我们能对自己敞开心胸。当我们形成了善待自己的习惯，痛苦反而让我们有机会体验来自内心的爱与温情。不管时世有多么艰难，我们总可以在自己温暖的怀抱中抚慰支离破碎的自己。就像孩子在妈妈的臂弯找到慰藉，我们也可以抚平和安慰自己的痛苦。我们不需要等候生命的完美与如意，我们不需要为了感到被爱的价值强求他人的关切与关怀。我们不需要到外面去寻找渴盼已久的接纳与安全感。这不是说我们不需要他人。但是谁才是最为了解笑脸背后真实感受的人呢？谁才是最为了解你所面临的痛苦和恐惧的人呢？谁才是最为了解你最迫切需要的人呢？你的生命之中，谁又是对你不离不弃、守护着你、呵护着你的人呢？恰恰是你自己。

4 我们同舟共济

人是被我们称为“宇宙”整体的一部分，时间和空间上都有限的一部分。他能感受到自己的思想情感，就像这部分已与宇宙其余部分分割开来——这是一个意识错觉。这种错觉是监禁我们的牢房，把我们局限于个人愿望以及对最亲近之人的温情上。我们的使命是拓宽关怀的光环，拥抱所有的生命与大自然之美，把我们自己从牢房中解放出来。

——爱因斯坦

《爱因斯坦论文集》

自我关怀的第二个基本元素是认识到共有的人类体验，承认人类的生命息息相关，也正是这一点把自我关怀与自我接纳和自我怜悯区分开来。尽管自我接纳和自我怜悯非常重要，但是本身却是不完满的。它让我们远离了一样关键因素——他人。关怀内在地包含着关系属性。从字面来看，关怀意味着“急人所急”，暗示着痛苦经历的基本共通性。关怀之心源于对人类不完美现状的认可。要不然，我们怎么会用“我们只是人而已”去安慰犯错误的人呢？自我关怀尊重事实，即所有的人都容易犯错误，不管这个人有多么英明神武，失策与后悔亦不可避免。（常言道，问心无愧只不过是痛苦回忆的征兆。）

在我们理解共通人性时，须记得无力感与失望感人人都会有。这也是自我关怀与自我怜悯的区别之处。自我怜悯只会说“可怜的我”，而自我关怀没有忘记每个人都会有痛苦遭遇，我们可以聊以自慰，毕竟我们只是人而已。我在困难时刻所体验到的痛苦正如你在困难时刻所体验的痛苦。原因不同，环境不同，但是过程却是一样的。你不可能总是能获得你想要的。人人都逃不过，即使滚石乐队也不例外。

在注意到自己生活的不如意时，我们通常会变得羞愤难当。我们会因自己的无能——无法得到想要得到的东西，无法成为想要成为的人——而心生无力感和挫败感。我们抱怨现状，只固守于主观的狭窄视角。实际上，我们命已同舟。正是因为认识到生命的基本事实——也可说一线希望——才让我们得以洞悉人类的共有状况。

孤立无援

遗憾的是，大多数人并没有留意到自己与其他人的共通之处，尤其是当羞耻感和无力感肆虐的时候。在失败的时候，人们不是把自身的不完美与共有的人类体验联系起来，反而更倾向于感到与周围世界的孤立和隔离。

当我们只着眼于自己的缺点，而不顾及更广泛的人类状况时，视角往往变得狭隘。我们会被所体会到的不胜任感和不安全感湮没。如果只局限于个人的自怨自艾，甚至会忘却还有许许多多的人在奔波。一叶障目并不是符合逻辑的思维过程。这种感觉颇有些类似于只有我被人甩了、被人愚弄、犯了过错。正如塔拉·布莱克[《全盘接受》(*Radical Acceptance*)的作者]所写："无价值感伴随着与他人、与生活相隔离的感觉，如果我们有着周身的不足，又怎会有所归属？这似乎是一个恶性循环：越是有不足感，越是有分离感和脆弱感。"

即使当痛苦体验并不是由自身失误引起时——例如，之所以下岗可能是出于经济萧条——我们仍会不理智地认为，整个世界的人都在快快乐乐地上班，只有我待在家里看反复播放的肥皂剧。又或者，生病似乎也成为一种非正常的状态（就像八十四岁的老人在将死的那一刻所说的最后几个词却是“为什么是我呢”）。一旦我们掉入了事物该当如此的信念陷阱，稍有差池，我们就倾向于认为事情已经走向了歧路。而且，这不是有意识加以思考的过程，而是想当然的，从而也左右着我们的情绪反应。如果采用完全的逻辑取向，就会考虑到其实生命的每一时刻都发生着数以千计的失误，所以完全有可能——事实上也在所难免——我们会吃许多苦头。但是我们并没有对这些事情保持清醒的理性，相反，却常常陷入痛苦之中，并感到孤立无援。

归属的需要

亚伯拉罕·马斯洛（Abraham Maslow）是20世纪中叶美国著名的心理学家，也是人本主义心理学运动的倡导者。他主张，如果不能事先满足人的基本归属，个人发展和幸福的需要只能是空谈。如果没有形成与他人之间的爱与情谊纽带，我们将无法完全实现个人的潜能。与之遥相呼应，海因兹·科赫特（Heinz Kohut）在20世纪70年代提出了一个称为“自我心理学”的模型，认为归属感是自我的核心需要。他把归属感界定为“人在人间”（human among humans）的感觉，它让我们觉得与其他人同命相连。他认为心理健康问题的主要原因在于缺少归属感，总觉得我们与其他人割断了联系。

孤独源于无归属感，不管身边是否有人。如果你参加了一个大型的聚会，却觉得自己格格不入，你仍会感到孤独。孤独源于与他人之间的隔阂，即使他人近在咫尺。被称为头号恐惧症的演讲焦虑症，同样也是由排斥和孤立引起。

对死亡的恐惧甚至也在很大程度上源于对失去与他人之间亲情、友情等亲密关系的担心。孤立感实际上让我们的这种恐惧变成现实。研究指出社会孤立感让冠心病风险增加了两到三倍。相反，参与互助小组可以缓解癌症患者的焦虑和抑郁，延长他们的生命。其中，关键原因在于互助小组让他们在抗击病魔的时候减少孤立感。因此归属感对身体健康和情感需求都具有根本性的作用。

关联感就像亲切感一样，能够激活脑的依恋系统。“照料与交好”本能中的“交好”部分与人类为安全感而加入或者归属某一群体的倾向有莫大的关系。基于此，感到与他人之间有了某种联系的个体往往不会被生活中的困难吓倒，更可能从容应对。

确实，当归属感需要由我们所爱的人，诸如朋友或者家人来满足时，自然妙不可言。但是如果你在维护某段关系时遇到麻烦，这种社会支持也可能随之消失。即使在理想的情况下，其他人也无法让你总是感到有归属或寄托。在我们海绵腔式的脑海中，在任何时候都有可能感到孤立，即使事情并非像我们所想的那样。恐惧和自我评判遮蔽了我们的双目，让我们无法看清援助之手。我们也可能羞于向我们所爱的人承认自身的不足，唯恐他们一旦知道实情就不再爱我们了。把真实的自己掩藏起来却让我们倍感孤独。

这也是为什么要通过认识自身内部的关联感来转换外在关系。如果我们能在跌倒的时候关怀地提醒自己失败是人类共有体验的一部分，那么归属感会随之而来，而不至七零八落。在认识到无以计数的人同样在遭受着困难与痛苦后，这份遭遇的打击程度就会减弱。尽管依然疼痛，但疼痛却不会因疏离感而加重。悲哀的是，文化总在告诫我们是多么与众不同，而不是我们有多么息息相关。

比较游戏

因为文化教导我们人人都独一无二、出类拔萃，所以我们常常卷入到利己的社会比较过程中。如果过分地以积极的方式看待自己，他人的好往往让我们倍感威胁。

例如，莉丝在拿到第一份工作年度评论时感觉好极了。这份报告赞赏她工作努力，同时允诺从下一年度开始加薪5%。兴奋之余，她打电话告诉男朋友这个好消息。“好极了！”他忍不住说，“我会在家备好香槟恭候。”但是晚些时候在停车场，莉丝却无意中听到同事在电话中兴奋地说：“报告说我是今年最有前途的新雇员，听着，他们要给我加薪10%，是其他人加薪的两倍，是不是很棒？”莉丝感到从山巅瞬间跌到了谷底，好像她已彻彻底底地失败了。结果她不是在家与男朋友举杯相庆，而是在他的肩头大哭了一场。

社会比较最让人伤神的后果之一就是与成功人士之间的距离让我们难过不已。有趣的是，一项研究发现这一现象极具普遍性。研究者告诉参试者他们正在评鉴参试者对即将到来的学院碗（College Bowl）竞赛有关的兴趣和知识。学生们认为同组的人也是参试者，但其实另一个参试者是研究小组成员。在一个模拟竞赛中，学生们回答一系列有关摇滚乐、足球的问题。实验者告诉学生们他们要么表现得比同伴优异，要么表现得比同伴逊色。接下来，研究者通过询问他们认为自己与同伴有多少共同之处或者询问他们多么想要在未来与同伴共事，测量了参试者感到与同伴的亲密程度。研究者甚至观察了在另一个屋子里他们与同伴所坐位置的身体接近程度。研究发现，当被告知表现逊色时，参试者感到与同伴之间的距离更远，同样也坐得更远。

具有讽刺意味的是，渴望成功的首要原因却是因为他们想要感到被接纳、有价值、与他人更接近、有所归属。这是典型的《第22条军规》式的黑色幽默。与他人竞争成功的举动造就了注定失败的情境，我们的关联感和归属感由此变得可望而不可即。

我们与他们的对立

我们不只把自己与他人进行比较，还把所归属的群体——美国、俄罗斯，共和党、民主党，基督教、伊斯兰教等——与其他群体进行比较。这也是为什么我们要在袖子上（或车保险杠上）佩戴所在机构的徽章。我们的自我感充斥着社会标签，它规定着我们，并让我们在界限分明的群体中感到安全与接纳。尽管我们也能在这些群体身份中找到归属感，但是却十分有限。一旦把自己认同为某个小群体的一员，而不是整个人类种族，我们就会在无形中把自己与同类分隔开来。

悲哀的是，这些界限往往导致偏见和仇视。就像我们希望个人特质可以超过一般人，对于群体，我们也希望所在群体能够睥睨其他群体。根据亨利·塔杰菲尔（Henri Tajfel）的社会认同理论，当我们把某一群体纳入身份之中时，就能从作为这个群体的一员而衍生出自身的价值感。因而，我们会投入到积极看待“我们”，消极看待“他们”中去。正是我们对社会身份的投入引起了群体歧视和种族主义。我把你所在的性别、种族、族群、政治、民族群体看成卑微的是为了要突显我所在群体的显赫性，让道义上的豪情油然而生。当三K党徒身披白色长袍和礼帽，或者准恐怖主义者参加仇恨集会，他们的价值感无疑会威力大增——也更具危险性。

塔杰菲尔的研究显示，即使我们所归属的群体是任意划定的，群体偏见的过程依然会发生。例如，基于对抽象派画家克勒或者康定斯基的偏好，甚至抛硬币等方式把参试者分派到不同的群体中，仍会让人们觉得自己的群体成员更好，而为他们提供更多的资源，以及对其他群体成员缺乏信任。

群体身份是大多数暴力冲突的根源——不管是两个高中足球队之间的斗殴，还是大规模的国际战争。塔杰菲尔获得了此类群体偏差的第一手资料。一位波兰籍犹太人于第二次世界大战爆发之际在巴黎的索邦神学院游学，他应征入伍，加入法国军队，后来被纳粹俘虏。他被投入战时集中营，但是因为没人发现他是犹太人，他幸存了下来。而他的大部分朋友和家人在返回波兰后都被杀害了。大屠杀是最为恶劣——可悲的是不是最后——的事例之一，人们竟凭着把自我与他人划分为不同的群体就肆意地虐杀他人。

值得庆幸的是，心理学家已经发现一旦归属感扩展到整个人类群体，而不再仅仅局限于自己所在的社会群体，冲突会急剧减少。只要能意识到我们彼此相互关联，理解和宽恕就能延伸至他人，彼此之间的界限也会少很多。一项研究生动地说明了这一点。研究内容是：大学里的犹太学生被问及他们是否愿意宽恕当代的德国人因大屠杀所犯下的罪过。这项研究分为两种条件——大屠杀要么被描述为德国人对犹太人的攻击事件，要么被描述为某些人类对其他人类的攻击事件。当大屠杀被描述为发生于人类之间而不是两个不同的社会群体之间时，犹太学生参试者更愿意宽恕当代的德国人，他们也认为德国人与自己有更多的相似点。仅仅通过把参考框架从相异性转换为相似性，就能戏剧性地改变我们的知觉和情绪反应。

在一项被称为挑战日的极佳项目中，青少年得以体验强有力的共通人性。这个项目让高中生群体参加一整天的系列活动，从而促进他们与同伴的关联感。例如，其中的一个“我们之间的分割线”练习让这些高中生在学校体育馆的一边站列成行。然后，团队的领导者大声喊出一系列痛苦的经历，如果他们也有过类似的经历，就走到体育馆的另一边。每一个事件都说得非常慢，从而为每个人留有充分的时间以让他们看到群体中的谁曾和自己有过一样的遭遇。“如果你曾因为肤色有过被伤害或者被指责的经历……在教室中被老师和学生羞辱……因戴眼镜、牙套、助听器……因你的说话方式，因你的穿着或者因你的身高、体形和外貌而被人欺负、取笑或者伤害，请跨过这条线。”在某一时刻，几乎每个人都跨过了那条线，清楚地展现了所有青少年都曾或多或少地遭受过无情的评判和指责。通常，在练习完之后，随着关怀在他们之间流淌，甚至最为要强的孩子也泪如雨下。这个练习粉碎了年轻人之间的隔阂，让他们意识到孤立感只是个错觉，同时也减少了彼此之间的冲突。

这也是为什么深植于自我关怀之中的共通人性认知具有如此之大的治愈力。当我们的自我价值感和归属感根植于人类共同体时，我们就不会简简单单地被他人拒绝和排斥了。作为一个人所具有的属性决不会从我们身上抽离，哪怕我们跌得再重。人无完人肯定了我们都是人类种族的正式成员，从而让我们可以自动地与整体相连。

完美错觉

不过，我们的心理通常还是会自欺欺人，认为我们能够也应该比现在更好。没人喜欢感到美中不足。对于某些人来说，不完美尤其难以承受。完美主义被界定为强迫自己达成或实现个人目标，绝不允许理想落空。完美主义者为了让事物恰如其分，体验着极大的压力和焦虑，一旦不如意，对他们来说则是毁灭性的打击。完美主义者不切实际的过高期望，注定了他们不可避免地会让希望破灭。他们通过黑白两分的视角看待事物——要么十全十美，要么一无是处，对自己从来没有满意过。

例如，汤姆是一位作家，过着体面的生活，主要撰写历史题材的虚构小说，但是只能算小打小闹。尽管版税能让他衣食无忧（对于作家来说算不上什么功绩），但汤姆对此并不满意，除非他写出一部全国畅销书。终于，他有所突破。他最近的这本小说得到了《纽约时报》的赏识，很快他就获邀参加各类电视和电台的采访，此书的销量也突飞猛进。不久他就设想着“排名第一畅销书”字眼印在平装本的封皮上。尽管他确实看到了销量的激增，也位列畅销书的榜单（第23位），但是他仍不快乐。他只关心为什么销量不能再高点儿，还没有排在第一，甚至没有挤进前十。让人哭笑不得的是，在销量远超从前之后，汤姆竟然更为抑郁了。成为“最佳”的念头一直盘踞在他的脑海中。尽美矣，未尽善也。所以他仍觉得像是吃了败仗，尽管事实上他已大获成功。汤姆的故事把完美主义的恶果暴露无遗，痛苦常常不期而至。

完美主义是否也有积极影响呢？完美主义的积极方面取决于你尽全力的坚定性。追求成功和高标准可以是健康有益的特质。但是当你的整个自我价值感都建立在成功的基础上，并且不容许有丝毫的失败时，对成功的追求则沦为专横的暴君，反而阻碍着你的成功。研究指出，完美主义者在饮食障碍、焦虑、抑郁以及其他一系列心理问题方面都存在着更大的风险。

如果我们十全十美，那我们就不是凡人了。芭比和肯恩看似完美——有着漂亮的外表，但是却如门把手一样不具生命。不是无懈可击的铁板一块，带着体温与呼吸，人类的生命画卷充满了奇遇。人活于世不只包含了笑声与荣耀，还有挣扎与绝望。要求完美简直就是对生命以及全部人类体验的背弃。完美甚至让人厌烦。YouTube（世界上最大的视频网站）上广受欢迎的人物凯利——喜剧演员凯尔·沙利文（Kyle Sullivan）扮演的青春期女孩——应该深有体会，她以典型的十几岁女孩的恹恹口气说道：“我曾到访过天堂，在喜欢了五分钟之后，就离开了。”难道这不是真切的吗？你真的想要居住于伊甸园式的完美世界？或许，正是有了这份不如意与始料未及，我们的生命才会如此的美丽多娇。

不完美同样会让成长与学习成为可能。不管你是否喜欢，我们学习的主要方式就是不断地碰壁，就像我们最初的蹒跚学步一样。父母亲千百次地告诉我们不要碰热炉子，但是只有被灼烧过之后，我们才真正地明白为什么不能碰。失败所馈赠的学习机会实际上有助于我们实现自己的梦想。用餐馆老板沃尔夫冈·帕克（Wolfgang Puck）的话说，“我从一家倒闭的饭馆中学到的，比在十家兴旺的饭馆中学到的还多”。诚然，失败让人气馁。但是这只是暂时的，最终你会获益无穷。我们可以把失败看成生命学徒训练的一部分。如果你是完美的，已经知道了全部的答案，那将没有问问题的机会，也就无法有所发现。

同命相连

当我们因不胜任感而自我谴责的时候，我们通常想当然地以为存在着一个轮廓清晰、隔离出来的“我”等待着责罚。但是真的是这样吗？我们是谁、怎么思考、做什么，都与其他的人和事错综复杂地交织在一起，从而使责罚的分配模糊不定。假设你有一个让你习惯性批评自己的问题，让你如此愤怒的原因和条件是什么呢？或许天生的遗传在起作用，但是在降临这个世界之前你有选择自己基因的权利吗？当然没有。你的基因构成完全不取决于你。或者，你成长于一个冲突不断的家庭中，咆哮和愤怒就是你所听到的全部。但是这种家庭也是你可以选择的吗？

如果我们细致地检验个人失败，一切都会明了，这并非选择所能决定。通常，在没有你参与的情况下，外在环境会机缘巧合地造就某种模式。如果你能控制自己不适应的思维、情绪和行为，那么一切也就迎刃而解了。你或许早就抛弃了自己的黑暗、焦虑、神经质，转而变得镇定自若、活力十足。很显然，你并不能完全控制自己的言行，或者你只能做出你所赞许的行为。那么，你又为什么因这一切而严厉地批评自己呢？

我们是成千上万种环境因素合力塑造的结果。我们的经济和社会背景、过往的社交、文化、家庭背景以及我们的遗传基因——它们对此刻的我们有着深远的影响。禅修大师一行禅师把这称为“互即互入”。

> 如果你是一位诗人，你会在这片纸上看到一片浮云。无云则不会有水；无水则树木无法成活；无木则无法造纸。所以云就在那里。这张纸的存在取决于云的存在。云与纸紧密联系在一起。

许多人惧怕承认他们本质上的关联性，因为这意味着你必须承认你无法完全控制自己的思维与行动，从而也让你丧失了力量感。但是，控制本身就漏洞百出，它只是一个错觉而已，并且还是一个有害的错觉，它助长了自我评判与自我指责。事实上，严厉地责罚自己并不比飓风更具合理性。尽管我们也给飓风起了如卡特里娜和丽塔这样的名字，但是飓风并不是一个自给自足的元素。飓风并非一成不变的现象，它由一系列交互作用的条件而生成——气压、地面气温、湿度、风力，等等。我们也同样适用于此：我们亦不是自给自足的元素。像天气状况一样，我们也不是一成不变的现象，由一系列交互作用的条件生成。没有食物、水、朋友、社会历史、文化，我们也寸步难行。

当意识到我们只不过是由数不清的因素造就而成，其中的某些因素我们还不完全清楚，也就不必把个人失败当成仅仅是个人的了。只要承认原因与条件是一个错综复杂的网络，我们自己也嵌入其中，对自己和他人就不会那么横加批评和指责。相比于生命的赐予，对“互即互入”的深刻理解让我们能对已经尽了全力的事实抱以关怀。

“但是”通常都会出现在这个节骨眼上。评判错在哪里？难道我们不是靠做出评判才能明辨是非，为自己的过错承担个人责任吗？

在这里，我们需要对评判和辨别智慧加以区分。辨别智慧能认识到事物何时有害或不公正，但首先能认出导致有害或者不公正的原因与条件。在犯错的人被待之以关怀而不是严厉的指责时，冲突与痛苦的恶性循环得以被打破。

设想一下你听说了一个故事，讲的是一名年轻的男子抢劫了银行并且射伤了一名出纳员的胳膊，因为他试图求救。一开始，你可能会残忍地对这名男子加以评判——他就是一个魔鬼，应该被永远囚禁在监狱里。而后，你了解了这名犯人更多的背景和过去。他的父母都是吸毒者，他从十一岁起一直流落于社区的街道上，在那里他必须通过搏斗和偷窃才能生存。他想找一份工作，走上正路，但是由于不识字还是被炒了，最终他不得不重操旧业。你对这名犯人的生硬态度可能开始软化，你甚至对他抱以关怀。这种关怀并不意味着你要赦免他的罪责，或者认为他的所作所为是正确的。为了社会的稳定，你仍认为那个人该当被关入监狱，但是你对他为何这般做有了更深的理解。在此过程中，你会尊重他作为人的属性，甚至觉得，通过恰当的帮扶与鼓励，他会洗心革面。

这是辨别智慧而不是评判。评判把人分为好人和坏人，并且试图通过简单的标签捕捉本质性特征。辨别智慧能认识到复杂性和模棱两可的情况，它承认生命的过程中总会有事情发生，但在新的认识下，事物的面貌可能完全不同。

耶稣曾言：“让无罪之人投第一块石头。”后来，当他被绞死在十字架上的时候，他又说：“父啊，赦免他们。因为他们所做的，他们不晓得。”寓意非常清晰，我们需要对哪怕是犯下了最恶劣过错的人也投以理解和关怀之心，包括自己。

练习一
看到人们的共同点，放弃自我界定

试想某个你经常评判的个人特质，并且这个特质对你的自我界定也非常重要。例如，你可能把自己看成一个害羞、懒散、愤怒的人，等等。然后问如下的问题：

1. 你有多频繁地显示出这种特质——大多数时候、有时还是偶尔？在你不显示这个特质的时候，你又是怎样的人呢，你还是你吗？

2. 是否有特定的环境引发这种特质，而其他的环境没有引发呢？如果只有在特定的情况下这种特质才会表现出来，那么这个特质是否还能界定你自己？

3. 哪些原因和条件导致你拥有这种特质（早期家庭环境、遗传基因、生活压力，等等）？如果是这些外力在很大程度上决定了你拥有这些特质，那么把此特质理解为你内在的反应是否还依然准确？

4. 你拥有这个特质是经过选择的吗，表现出这个特质你也是经过选择的吗？如果不是，为什么要因此特质而评判自己呢？

5. 若重新进行自我描述，不再用这个特质来界定自己，会发生什么呢？例如，不再说“我是一个愤怒的人”，而改为“有时，在某些情况下，我会变得愤怒”，会发生什么呢？如果不再强烈地认同这个特质，事情是否有所改变呢？你是否体会到心灵有了更大的空间、自由与安宁？

我们都臣服于人类的局限性。每个人都处于同样的困境之中。英国小说家杰罗姆曾经写道：“正是在过错和失误中，而不是在美德中，我们触摸彼此，找到共鸣。我们的本质都潜藏于我们的荒唐之中。”在意识到不完美的共有性后，自我关怀赋予我们关联感，让我们生机盎然，发挥自己最大的潜能。无须向外部寻求接纳和归属感，我们可以直接从内部满足这些需要。

我的故事：到底什么才是正常的

自我关怀的修行，尤其是共通人性，帮助我应对了生活中迄今最大的挑战。在得克萨斯大学获得一份教职之后的几年中，我有了自己的孩子罗文（Rowan）。在他八个月的时候，我发现他有些不对劲儿。他从没做出过指物行为，而这是大多数孩子在周岁生日的时候都会有的。在我们叫他的时候，他也没有把头转向我们，没有喊过我妈妈，甚至什么都不叫。他大概说出过五个词，都是以字母B打头，以及一些名字，大部分都来自《托马斯和他的朋友们》（*Thomas and Tank engine trains*）。他会花费数小时把动物玩具排成行。如果帽子掉下来，他则会大发脾气。我知道为人父母不容易，但也不是这般不容易吧！为什么我无法阻止他的奇怪行为？难道因为我是一名坏妈妈，难道我不够强硬？

我确实急于知道罗文是不是有某种类型的发展障碍。他有听力问题言语迟滞或者中枢听力加工障碍？我带他去看了所有的专科医生，订购了任何我认为有所帮助的书。我做了我能做的全部，唯独没有认真地诊断他是否患有自闭症。回头想想，我很可能在心底无意地怀疑过他有自闭症的症状。但是我的有意思维却不允许我承认。我想，不管罗文出了什么状况，这么一个讨人喜欢的孩子也绝不可能得了自闭症。毕竟，他是如此可爱，有情感的流露，跟人也有目光接触。自闭症的孩子不应该会做这些，难道不是吗？我还记得，有一次罗文给了我一个美丽灿烂的微笑，我甚至半开玩笑地对我的丈夫鲁伯特说："至少，我们都知道他不是自闭症！"

后来的某一天，在我为一场下午进行的默声冥想隐修整理行装时，却再也无法忽视那份挥之不去的担忧了。我深深呼吸了几次，然后转向电脑，敲进去“自闭症、早期征兆”几个字。一个网页上写道，如果你的孩子表现出十种征兆中的三条，就很可能患有自闭症，应该尽快进行专业诊断。罗文竟然占了九条。缺少目光接触是他唯一没有表现出的症状。

那一刻，我知道了罗文患有自闭症。我打电话给鲁伯特告诉他实情。他也像我一样错愕。“我将取消隐修之行。”我说。“不，你应该去的，”他说，“你需要它，我也需要你的坚强和专注，在你回来的时候可以帮助我。”在驶往隐修中心的两个小时车程里我哭了一路。接下来的四天，获知儿子患有自闭症的痛苦时刻伴随着我。“怎么会发生这种事情？”“罗文正在离我们远去吗？”“我们该怎么办呢？”我让自己彻底沉浸在恐惧和悲痛之中。我也给了自己全部的爱、关切与关怀。如果内疚的想法闪现于脑海——“我怎么能因罗文自闭而悲伤呢，我是如此爱他？”——我也不会让自己逃避自我批评。我的悲伤只是自然流露，所有的父母在这种情况下都会如此。

在我隐修归来后，鲁伯特和我必须承认这就是我们现在的生活。拥有一个完美孩子的所有梦想——我们规划着他会像我一样拿到博士学位，或者像他父亲一样成为一名成功的作家——都破灭了。我们有一个自闭症孩子。

坦率地讲，我承认这些经历有时把我推向了自怜的境地。例如，当我与罗文在公园看到其他的妈妈带着他们“正常”的孩子时，我也会为自己感到可怜。为什么我不能有个正常的孩子呢？为什么其他孩子问罗文名字的时候，他都不会做出反应。为什么其他孩子会对他的怪异做鬼脸？我感到了被排斥于正常世界之外的孤立、孤独和隔离感。我察觉到内心的尖叫：“养孩子不应该是这样的，这不是我所签订的计划！为什么是我？”但幸运的是，自我关怀挽救了我，让我没有在这条道路上继续走下去。看着其他孩子在荡秋千或者玩滑梯，我会提醒自己大多数家庭在抚养孩子的过程中都会遇到挑战。或许，如果这个挑战不是自闭症，那么可能是其他名目繁多的问题——抑郁、饮食障碍、药物成瘾、在学校被欺负、重病，等等。看到公园里的其他家庭，我会想他们肯定也有自己的痛楚，如果不是现在，则可能是在将来。不再只是感到自己可怜，我试着向所有深陷困难不忘努力的父母敞开心胸。在发展中国家那些无力喂养孩子的数百万计的父母该怎么办？我肯定不是唯一遇到困难的母亲。

两件事情尾随着这种思考方式而来。第一，我开始感到能深入地体会人类的不可预测性。我的心慢慢因为父母抚养孩子会遇到的所有挑战与痛楚以及他们的欢笑、爱与惊奇而变得柔和了。第二，我能从更清晰的视角看待自己的处境。不再陷入相信其他父母比我的日子好过的陷阱中，而是记得他们也有各自的问题，甚至更棘手。从大局着眼，自闭症也并不是那么糟糕，我们还能为罗文做好多事情。事实上，自我关怀的真正馈赠在于它让我淡定，从容不迫地采取行动帮助罗文。

或许，更为重要的是，注意到共通人性让我爱真实的罗文。只要我记得问题与挑战是正常的，是常态，我就更能够克服对于没有正常孩子的失望之情。

到底什么才是“正常”？或许罗文难以用言语表达自己和进行适宜的社会互动，但他是一个懂得爱与幸福的孩子。人生而为人并不是非要怎样不可，而是既来之则安之——带上你的强项与弱点、馈赠与挑战、癖好与恶趣味。接纳和拥抱人类的共有状况，我能更好地接纳和拥抱罗文，以及扮演好自闭症孩子妈妈的角色。

5 秉持静观

你无法阻止波浪，但可以学会冲浪。

——乔恩·卡巴金

《此心安处是吾乡》(*Wherever You Go, There You Are*)

自我关怀的第三个关键元素为静观。静观即对此刻发生的事情保持清醒和非评判性的接纳。换言之，直面现实。我们需要如实地看待事物本身，不增，不减，才能对当前的境遇抱以最大的——亦有效的——关怀。

停下脚步觉知痛苦

对自己抱以关怀，首先必须认识到我们正在经受痛苦。若无法感知便无法治愈。如前文所述，我们通常尚未把对内疚、缺陷、悲伤、孤独等的感受看成可加以关怀的痛苦遭遇。在你照镜子认为自己太矮或者鼻子过大的时候，是否直接告诉了自己这些不足之感让你痛苦，值得抱以亲切友善的反应？在老板把你叫到办公室说你工作表现不达标时，你的第一本能反应是安慰自己渡过此困难体验吗？或许不是。

我们肯定都体验过未能实现理想的痛苦，彼时的心思往往聚焦于失败本身，而不是失败所引起的苦痛。这是差别的关键所在。若只看到对自己的不满意，我们的注意力将会完全被缺陷所占据，也就难以觉察不完美感所带来的苦楚，更遑论对其抱以关怀之心。

我们所忽视的不仅仅是由个人不足之感所引起的痛苦。即使没有个人的责任，若周遭的生活环境产生变数，我们仍会做出鲁莽的行为。假设你的母亲病得很严重，或者你在高速公路上追尾。大多数人即使并没有因现状而责备自己，仍倾向于直接解决问题。我们可能会花费大量的时间和精力来应对这个危机，预约医生，打电话给保险公司，等等。尽管所做的都有必要，但是认识到这些事故所耗费的心力也十分重要。我们需要停下脚步喘息片刻，承认当前的困难，以及对我们的痛苦值得抱以亲切友善的反应。若非如此，我们的痛苦将不会被察觉，压迫感和忧虑会越来越大。由于我们耗费了全部的精力修补外在的问题，而不记得唤醒内心，所以我们将会有遭受倦怠、力竭和淹没感的风险。

鉴于生理上被规定要规避痛苦，我们对痛苦的忽视也并不出人意料。痛苦意味着事情出了差错，从而触发我们的战斗或逃跑反应。它大声疾呼，有问题，快离开，危险！设想若痛苦并不意味着像“手指被车门卡住了，快打开车门，把手拿开”如此基本的事情，会怎样？由于我们与生俱来的本能就是远离痛苦，所以难以朝向它、握住它并与之在一起。这也是为什么我们闭口不谈情绪，这再自然不过了。

雅各布（Jacob）就是这些人中的一员。他回避冲突，急于安抚有任何不安迹象的人。他只是不想处理任何情绪上的波澜。雅各布人很好，但是他不愿意直面过去的痛苦。他的母亲是个知名的影视演员，一直致力于演艺事业。在她奔波于各个片场的时候，通常会把雅各布交给保姆。在无意识层面，雅各布恨透了母亲离他而去，感到她总是把工作看得比他还重要。他也想让愤怒爆发出来，但是又怕会憎恨母亲，破坏对她的爱与亲情。所以，他只是压抑着自己的愤怒。

几年之前，雅各布变得抑郁，不得不进行治疗。治疗师帮助他意识到自己的抑郁源于他对母亲所抱有的愤怒以及压抑这份愤怒做出的努力。他所需要做的就是触摸真实的情感。当雅各布最终转向自己的愤怒，他不是把它安放在静观意识中，而是简单地接管，像操控冲锋枪一样地对待它。他用尽全力投入到愤怒之中，回想着母亲待他的可怕方式，越来越怒不可遏。他开始把她看成自私的恶魔——像《日落大道》(*Sunset Boulevard*)中的诺玛·德斯蒙德(Norma Desmond)。简言之，他变得歇斯底里，而不是秉持静观。不幸的是，在人们一开始应对困难情绪时，此类像钟摆一样从一个极端走向另一个极端的现象非常普遍。

逃离痛苦体验

像雅各布一样，压抑或者爆发情绪是大多数人都曾体验到的。我把此过程称为“过度认同”。我们的自我感被裹挟于情绪反应中，以致整个现实都被它们吞噬。已没有剩余的空间被留出来说：“天哪，我在这儿有点筋疲力尽了，或许还有另外的处理方式。”不再后退一步客观地观察所发生的事情，我们正迷失其中。就像我们的所思所感是对现实的直接知觉，已然忘却了我们还有回旋的空间。

记得有一次，我的母亲和婆婆从乡下来看望我们，她们还带罗文驱车去兜风。我有一辆丰田混合动力、无须转动钥匙启动的汽车，你只需在靠近车门的时候手拿钥匙，车门就会打开。无须按钮或者插入钥匙孔。这种新技术让她们有些吃不消——她们无法信任它。远足后她们返回停车场，试着在靠近车门的时候握住这把神奇的钥匙，结果车门并没有打开。我的母亲试了一遍又一遍，结果什么也没发生。“看吧，就是不能信任这些华而不实的小玩意儿。”她们都非常不安，几乎在那儿待了一个小时，身边还带着一个莫名其妙的孩子，全都是因为这项讨厌的技术。然后她们怎么做呢？

她们打电话给当地的丰田代理行，对方说让她们找锁匠。然后她们找了锁匠，正当锁匠在赶往这儿的路上时，她们碰见了停车场的保安。或许他可以帮忙。“先生，我们被锁在这辆车子的外面了，还有这个奇怪的东西，你以前用过这个吗？”保安看了看这把钥匙，然后看看车。“呃，女士，你是说这辆车是丰田混合动力吗？这辆车不是混合动力，也不是丰田。”我的车子实际上停在三个车位后面的地方。她们迷失于自己的反应中，都没有想到采取下一个明智的步骤：查看一下车子是否正确。用查尔斯·卓别林的名言说就是：“用近景特写，生活是一出悲剧，而用远景描绘，生活是一出喜剧。”

我把这一过程称为过度认同还有另一个原因。极端的反应——或者更准确地说，过度反应——在自我牵涉其中时尤其常见。如果我害怕其他人对我的评判——假设我不得不进行一场演讲，我对此非常紧张——在想到演讲时往往会严重地歪曲现实，极端的反应就会油然而生。我并不是简单地留意自己的紧张，而可能会在头脑中精心创设一个排斥场景，人们在嘲笑我，把烂菜叶扔向我，等等。

此类情绪性过度反应的驱动力则是回避把自己看成“坏”的或有缺陷的。当我们的自我概念受到威胁时，局面扭转得很快。我还记得最近的一则有关我自己过度认同反应的事例（我必须承认，非常之近）。我原以为弄丢了国税局寄给我的重要税单，此前我曾为此申请了两个月，才刚刚收到。填写这份税单的最后期限迫在眉前。我打算把它寄给我的会计，但却找不到了。我找了又找，还是一无所获。恐慌、焦虑向我袭来。大祸临头啊！

我已深深地陷入险境。我变得暴躁易怒、心烦意乱——换言之，我迷失了。表面反应的背后是恐惧，我成事不足、败事有余，缺乏组织条理让我自食苦果。值得庆幸的是，我最终还能意识到所发生的事情，并且能对自己的反应秉持静观。诚然，因丢失了税单，我非常焦躁不安，但是事情坏到了如此程度吗？我还可以向国税局再申请一份，尽管麻烦，却不是世界的尽头。我甚至记起要对所体验到的焦虑抱以关怀，认识到我的生活非常忙碌，事实上总的来说我还是相当有条理的。在这个痛苦的处境下，我停下来安慰自己，忆起所发生的事情。

几个小时后，我的丈夫鲁伯特带着局促的笑脸回到家里。他告诉我，他无意中用国税局信封的封皮来抄写购物清单了，所以终究还是没丢。我没有斥责他，但是如果仍纠结于不胜任的自我评判中我很可能会那样做，现在我已经能笑看整个事件了。我们多久就会小题大做一回？我们多久就会把事情想象得比实际情况更糟？如果我们能对恐惧和焦虑秉持静观，而不是过度认同，那么我们就能挽救自己于许多根本经不起推敲的痛苦之中。就像17世纪的法国哲学家蒙田所说："我的人生充斥着可怖的不幸，其中大部分都没有发生。"

静观带我们回到当前，给我们平衡的觉察，也由此构成自我关怀的基础。像一弯澄澈、静谧的清泉，不泛涟漪，静观完美地映照着所发生的事情，不偏不倚。它让我们不再迷失于个人的肥皂剧情中，而是从更大的视角审视我们的处境，帮助我们确信不必再受此困境。

觉察之觉察

当我们不加夸张地注意痛楚，就是静观的时刻。静观包含了在静观域中如实地感知此时此地正在发生的事情。我对于第一次体验到静观的情形还记忆犹新。我那时大约十二岁，放学之后独自在家。我妈妈有一本拉姆·达斯的《活在当下》（*Be Here Now*）正放在茶几上。尽管这书已经躺在那数月之久了，那一天我却莫名其妙猜想活在当下到底是什么意思。嗯，我在此处，就是现在。我在起居室来回地走着，仍然是此处、现在。然后我走进厨房，还是此处、现在。除了此处，我还在别的什么地方吗？除了现在，我还在别的什么时间吗？然后我豁然开朗——只有此处，只是现在。不管我们去哪儿，做什么，我都在此处，在现在。我感到目眩神摇，会心而笑，在屋子里跑起来。此处！现在！此处！现在！此处！现在！我突然领悟到生活的真谛——意识觉察只在此处、在现在。

这为何重要呢？原因在于这种领悟让我们看到有关过去和未来的想法只是想法而已。过去只存在于我们的记忆中，未来也只存在于我们的想象中。为了不迷失于思维的泛滥，我们只需退一步说——啊哈，这就是我此时此刻的所思所感以及所有的体验。我们能觉知当前时刻的现实。

静观有时被看成“元觉察”的一种形式，即觉察的觉察。不是简单地感到愤怒，而是觉察到我现在正在愤怒；不是简单地感到脚踵的水泡，而是觉察到我现在感觉到脚踵的水泡；不是简单地考虑明天我在会场该说些什么，而是觉察到我现在正在考虑明天在会场该说些什么。看起来它们之间的区别不仅晦涩，而且还没有什么实质性，但是却让我们的世界为之改观，能够对困难时局做出有效的反应。当我们能客观清晰地看待自己的处境时，已在向智慧开启心门。若我们的觉察狭隘，迷失于思维和情感之中，也就不能对问题和反应是否适宜做出反省，从而限制了我们明智行事的能力。

静观话题的作者常把它类比于电影院。当你迷失于电影——恐怖片的故事情节中时，可能会忽然记起你正在看电影。而前一刻，你还担心女英雄被坏蛋推出窗外，紧张害怕地抓着椅子扶手。邻座的男子打了个喷嚏，这让你意识到并没有什么危险——这只是电影。不再被情节所淹没，你的觉察变得开阔，认识到此刻实际所发生的事情。只是一幕幕光与影的交错。所以你放松了对扶手的抓握，你的心跳也恢复到正常，甚至可以允许自己再次迷失于故事中。

静观的运作方式与此类似。当你集中于现在正具有的思维和情感，也就不会再迷失于故事中。你可以醒来，环顾四周，对自己的经验采择旁观者的视角。你可以在觉察之上审视它，就好像你正在对着镜子端详，同时看到镜子中的你也在端详。立刻行动起来吧！你可能一直在阅读这页上的文字，并没有意识到你在阅读。但是现在你可以带着你对阅读的觉察读这个句子。如果你现在正坐着，或许还不曾注意到脚踩在地板上的感觉。现在集中于感受脚的感觉。你不仅感受到了脚在微微作痛（或者温暖、寒冷甚至痉挛），还能意识到你在感受脚的感觉。这就是静观。

幸运的是，雅各布最终学会了怎样对由母亲的演艺事业所激起的愤怒保持静观，而不是由着它任意妄为。治疗师教他怎样完全感受或者体验此前他对母亲所抱有的伤痛和憎恨，不必再对自己所告诉自己的故事情节信以为真。愤怒是真，但是对愤怒非评判性的觉察，帮助他意识到母亲深深爱着他也非假。诚然，她热爱事业并且献身事业——可能有些过头，但是部分原因在于她渴望为他提供优越的生活条件，而工作恰恰给了她必要的财力。在对妈妈报以愤怒的指责之前，雅各布有了恢复镇静、凝神的静观。他现在已能坦率亲切地与妈妈交流有关童年的困境，也让他们最终变得更亲近。如果他没有选择静观的途径，很可能会造成母子之间的短时间内难以愈合的裂痕。

沐浴意识之光

理解静观的关键在于把觉察本身从觉察内容中区分出来。各种各样的事物都出现在我们的觉察之中——躯体感觉、视觉、听觉、嗅觉、味觉、情绪和思维。来了又去，觉察的内容总是在变。即使保持完全的静止，我们还是要喘息、心跳、眨眼，还有声音的起伏。若觉察的内容不再变化，只能是我们已死。按照定义，生命包含着转换与变化。

容纳这些现象的觉察本身呢？点亮视觉、声音、感觉和思维的意识之光呢？觉察并不改变。这是我们清醒意识中唯一的静止和恒常之物，是生生不息的体验所基于的不变基础。体验不断地在变，但是照亮这些经验的意识觉察不变。

设想一只红色的凤头鸟飞过碧蓝的天空。鸟代表着我们的思维和情感，天空代表着静观，它承载着思维与情感。这只鸟很可能在开始的时候上下蹿飞，或者停在树上，等等。但是天空仍静悄悄地在那儿。当我们认同天空，而不是鸟时，或者换言之，当我们注意觉察本身，而不是觉察内在的某种想法或者情绪时，我们就能够镇静，收拢心神。

这非常重要，因为在我们秉持静观时，我们找到了安息之地——我们的支座。不再让我们的自我感沉湎和倾倒于觉察内容，而是让自我感栖居于觉察本身。我们就能觉察到所发生的事情——愤怒、恐惧和脉搏的跳动——而不会掉进我们称为愤怒、恐惧或者痛苦等的思维陷阱中。当我们的意识正觉察到我们的所思所感时，所思所感也就不能界定我们——不然，觉察我们所思所感的又会是谁呢？

练习一
练习留意

（可从www.self-compassion.org处获得MP3格式的冥想指导）

发展静观的重要工具之一是留意修行。就是说不管什么时候，只要某个特定的思维、情绪或者感觉生成了，我们要柔和地做个心理记录。这有助于我们更加有意识地觉察所体验的事情。例如，如果我留意到自己愤怒，那么就能更加有意识地觉察我在愤怒。如果我留意到坐在椅子上让我的后背不舒服，我会更加有意识地觉察到我在感受这种不适。从而让我有机会对当前的环境做出明智的反应。或许我应该做几次深呼吸平复一下，或者舒展姿势减轻后背的疼痛。留意练习可被用于任何情形之中，有助于增强日常生活中的静观。

进行这个练习，找一个放松的位置，然后坐下，大约持续十到二十分钟。放松、闭目，只是简单地留意闪现于觉察之中的思维、情感、气味、声响及其他的躯体感觉。例如，“吸气”，“孩子玩耍的声音”，“左脚发痒”，“想知道聚会穿什么”，“不安全感”，“兴奋”，“飞机飞过头顶”，等等。只要你对一份新体验有了觉察，就对这份体验在心里轻轻地做一个记录。然后让注意徜徉于新的体验。

有时，你可能会发现自己迷失于思维之中，你甚至用五分钟一直在想午餐的事，完全忘记了修行练习。无须担心，只要你注意到你曾迷失于思维之中，简单地记录“迷失于思维”，然后把注意力转向留意练习。

我们可以训练大脑更为专注地注意，时时刻刻都对发生于自己的事情保持更好的觉察。这项技能可以让我们更为深刻地投身于当下，给我们应付压力情境所必需的心理视角，从而让我们受益无穷。

反应而非反抗

静观解放了我们，让我们有更多的自由，因为它让我们不再执着于每一个转瞬即逝的想法或情感。确切地说，我们冷眼旁观了形形色色的想法与情感的兴亡交替，从而能够决定哪些值得注意，哪些不值得。我们可以质疑自己知觉的准确性，询问我们的思想和情感是否值得认真对待。静观所赐予我们的宝贵财富——其最让人叹为观止的礼物——就是让我们有机会做出反应而不是简单的反抗。

当我迷失于自己的小情绪中——假设我被朋友的不当言论羞辱了，我感到很受伤，也很愤慨——我很可能随后做出会后悔的反抗。例如，我曾经和一个朋友通电话，还起了争执。我试图说服她我的选择事实上就是正确的选择。最开始，还只是个讨论——我给出之所以做出那个选择的理由，而她也摆出她所认为的顾虑。不知从何时起，我朋友突然说我“幼稚”。讨论的气氛变化如此之快，有些滑稽。我感到被羞辱了，非常愤怒，也提高了声音，直到嘶喊。我一直为我的观点辩护，甚至夸大我的主张，确认自己的选择是正确的，就好像我的人生取决于它。而把我的朋友说成无知、糊涂的人。在我把事情问清楚之前，就挂断了电话。

值得庆幸的是，我们是老朋友了，几分钟之后，我给她回电话，然后向她道歉。在我们心平气和地交谈时，我了解到她并不是有意要羞辱我，而是确实关心我在没有充分考虑清楚之前会做出草率的决定。当然，她慌不择言，但心是好的，我的确反应过度了。那一天我度日如年，但显然无济于事。

如果我能够在交谈的时候保持静观，我就能对自己说：我觉察到此刻所受到的伤害、羞辱和愤怒。在开始大声谴责之前，我会做个深呼吸，缓一缓。她目的何在——她真的想伤害我吗？换言之，在意识到我们那一刻的感受时，我们不会让这些情绪左右我们采取行动。我们能够停下来想一想自己是否真的想说出已到嘴边的话，还是选择说些更适宜的话。

为了对怎样做出反应进行选择，我们需要有考虑的心理空间。我们需要扪心自问——此时此地到底发生了什么？危险是真实存在，还是杯弓蛇影，就像屏幕上跳动的光点。需要我们做出反应的真实情境是什么？这些就是我们做出明智选择所需要的自由的方式？

即使我们时常不能秉持静观——在情绪飙升的时候，我们确实难以秉持——静观也可以让我们从过度反应中恢复过来。确实，在挂断电话之前，我无法阻止自己。但是，我们也不会花费接下来的几个小时、几天、几周来为自己的行为辩护。我可以快速地意识到刚才发生了什么，对我追悔莫及、赔礼道歉等行动秉持静观。

静观具有显著的功效——它给了我们做出有益而不是有害反应所需要的空间。当然，我们伤害自己最严重的方式之一就是反抗性的自我批评习惯。不管是源于我们的父母、文化还是人格类型，许多人都建构了在遇到失败或者犯了过错的时候抨击自我的模式，这种模式甚至贯穿一生。在看到自己不喜欢的那一面时我们的自动反应往往是肆意地羞辱自己，而在面对逆境的时候，我们的第一反应很可能是立即着手解决问题，而不是先停下来顾及一下自己的情感需要。但是，如果我们对周遭环境所引起的艰难困苦秉持静观，即使是一刹那，仍能退一步海阔天空，对自己的痛苦抱以关切之情，以关怀、理解的方式抚慰自己。我们可以从共通人性出发，重新解读自己的处境，所以不会感到因困境而生的孤立感。我们遭受痛苦，也能对遭受痛苦本身进行觉察，因而不会对它束手无策。

加以练习，你就会形成这种习惯，所以一旦注意到了自己正在遭受痛苦，你就会自动地以关怀之心拥抱自己。在卡壳的时候不妨按动重启键。这会让你不再深陷自我评判和隐忍不发的痛苦体验中，反而重新引导自己的心灵，使之开始一段新的旅程。不管你采取什么行动，都会更为镇静、平稳、从容——当然也更为有效。

折磨 = 痛苦 × 对抗

折磨具有单一的来源——把现实同理想相比较。当现实与我们的渴望和愿望相符时，我们幸福满足；但是当现实与我们的渴望和愿望不相符时，我们则备受折磨。当然，现实总是完全称心如意就像大海捞针，机会渺茫。这也是为什么煎熬无所不在。

我曾经跟随一位老师进行禅修训练，他叫杨增善，是位了不起的老师。他的智慧之语让我刻骨铭心，他说，幸福的关键就是理解，“煎熬由抗拒痛苦而生”。我们无法避免人生的痛苦，他说，但是却可以不必遭受痛苦、忍受煎熬。因为杨增善颇有些佛教学究的气质（他甚至戴着角质框的眼镜），所以他把这些智慧之语表述为一个公式——折磨 = 痛苦 × 对抗。进而补充道：“实际上，这是指数而不是乘数关系。”他的观点是我们可以区分生命的正常痛苦——困难情绪、身体不适，等等——和折磨，它由我们对人生有时苦不堪言这一事实的抵制而引起。

假设你困在了严重的交通堵塞中，这种情境往往让人倍感压迫和气恼。你很可能几分钟之后就要上班，也许你会无聊地呆坐在那儿。这没什么大不了。但是如果你对抗着塞车这一事实，在心里尖叫着“事情不应该是这样的”！很可能你所受的痛苦会更多。相比于其他情形，你变得更加心烦意乱、焦躁不安或者愤怒不已。路怒事件就是这种类型的过度反应。每年因路怒而受伤或死亡的案例就有三百多起。

情绪上的折磨由对事物的欲望而起，而非事物本身。越是对抗所发生的事情，就越是痛苦煎熬。痛苦类似气体，如果你任由它在那儿，它就会自行消散。但是如果你对抗和抵制痛苦，把它逼进一个局促空间里，压力则会越来越大，直到最后爆炸。

抵制痛苦就是把头撞向现实的墙壁。如果你抵制着痛苦已然生于心的事实，愤怒、挫败和压迫感就会积压于痛苦之上，从而加重你的煎熬。一旦事情变成现实，我们便无力改变那一刻的现实。这是事物的存在方式。我们可以选择接受与否，但是不管怎样，现实依然故我。

静观让我们停止抵制现实，因为它以非评判性的觉察容纳着所有的体验。静观也让我们接纳不愉快的事情，即使我们不喜欢。以静观的方式理解困难情绪，可以让这些情绪顺其自然，自生自灭。如果我们能从容淡定地等待暴风雨的结束，事情就不会变得更糟。痛苦是不可避免的，然而折磨则可选择。

练习二
与痛苦共舞

进行这项小实验，观察静观与自我关怀如何帮助我们渡过痛苦的难关。

1. 手握冰块几秒钟（稍微有些不适）。以正常的方式做出反应，当无法承受时请放下冰块。注意你感到不舒服的强烈程度，以及在你放下之前你握着冰块多长时间。

2. 用另一只手握着冰块几秒钟。当你再次感到不适时，试着不要对抗它。放松感觉，由着它。以静观的方式留意感觉的特质——冰冷、烧灼、麻刺，等等。在你这样做的时候，对任何所感到的不适抱以关怀之心。（例如，你可以说“哎哟，这确实疼，有这种感觉真是痛苦。但是还算好啦，我能克服”。）当无法承受时请放下冰块。再一次注意你感到不舒服的强烈程度，以及你握着冰块多长时间。

做完之后，比较两次体验。在你没有抵制痛苦时，情况是否有所变化。你是不是握着冰块持续了更长的时间？不适感也不那么强烈？

你能否给命题“折磨=痛苦×对抗”提供实证性的支持。越少对抗，越少折磨。

理解无能为力

有时，我们有可能改变现状，改进未来，但只是有时，并非总是。如果能够静观地理解当前时刻，你可以更明智地考虑在下一时刻你想要什么。而如果评判和抵制了当前时刻，你不仅让自己更为受挫和恼火，而且还遮蔽了选择下一步行动的能力。静观让我们思考采取什么主动的举措才能改善局面，同时也让我们意识到事物什么时候不能改变，只能接受。

宁静之祷——由嗜酒者互助协会以及并列的其他十二个步骤程式而出名——完美地体现了这个观点。

> 愿上帝赐予我平静的心，接受我不能改变的事情；愿上帝赐予我勇气，改变我能改变的事情；愿上帝赐予我智慧，明白两者之间的差异。

静观得以让我们区分体验中哪些方面能改变，哪些方面不能改变。如果一个重物落在了我的脚上，我能把这个物体甩开——这是我能改变的。但是脚上的刺痛则是我们不能改变的，至少在这一时刻不能。如果我接受了发生的事件——甚至把它当成一个笑话——尽管我依然感觉疼痛，但却多了份平和之心。我不会变得沮丧、焦躁或者脚踢恼人的物体（你可能会笑，但是你也知道我们都如此做过）。我的镇静状态同样也会帮助我做出明智的选择，如在脚肿起来之前拿冰块敷一敷。

尽管有些让人瞠目结舌，但是我们几乎无力改变头脑中的事件。在意识觉察域中到底会生成什么是个谜。思维和情绪往往不请自来，甚至流连忘返。我们但愿有一个思维和情绪的过滤装置——类似于干燥器上的棉绒布——可以阻止负面的思维和情绪进入意识中。然后我们就可以把积累起来的痛苦、批评和自我攻击思维成捆地剥离掉，扔进垃圾桶里。可是这却不是我们大脑的工作方式。

思维和情绪的产生基于我们过去的经验和联想、生理构造、激素循环、身体状况、文化学习、先前的思维和情绪以及各种其他因素。正如第四章所述，存在着许许多多未知的原因和条件，它们的合力产生了现在的心理和情绪体验——远超出我们的有意选择。我们无法控制穿越意识大门的思维和情绪。即使某些是不健康的，我们也不能把这些心理体验撵走。但是，我们却可以改变解读它们的方式。

因心理体验批判自己只会让事情变得更糟。“我真是太可怕了，怎么会有这种想法呢？”“心地善良的人在这种情况下会感到关怀，怎么可能气恼呢？”可是，这些想法和情绪是你的选择吗？如果不是，你该如此评判自己吗？我们可以通过接受此时此地的体验把自己从纠缠不清的自我评判之结中解脱出来。“这些就是当前我意识觉察中的想法和情绪。”对事实不加责罚地简单陈述。我们无须因产生龌龊的想法或者感受破坏性情绪而严厉地斥责自己。放它们走就行了。只要我们未迷失于为之辩护和强化的故事情节中，它们会自行消散的。一棵草，若没有水的滋润，最终会凋零枯萎。与此同时，当健康的思维和情绪生成时，我们也能在爱的意识中加以呵护，让它枝繁叶茂。

印第安人的智慧书讲述过一位年迈的切罗基人怎样教导他孙子的故事。“在我的内心，厮杀一直不止，”他对小男孩儿说，“这是一场恐怖的战斗，是两匹狼之间的决斗。其中一匹是恶——它是愤怒、嫉妒、悲伤、悔恨、贪婪、傲慢、自我怜悯、内疚、憎恶、自卑、欺瞒、妄自尊大、优越感和自私；另一匹则是善——它是喜悦、和平、爱、希望、宁静、谦逊、友善、仁慈、关怀、慷慨、真理、怜悯和信仰。同样的战斗也在你的内心进行着——在每个人的内心。”孙子思索了一会儿，问他的爷爷：“哪匹狼取胜了？”这位年长的切罗基人回答：“你喂食的那匹。”

静观的馈赠是让你接纳当前时刻，更为明智清醒地改造未来时刻。你不仅减少了自己的痛苦煎熬，还能够对下一步该怎么走做出更好的选择。如果你进行了思考，它甚至能让你产生完美感，但是许多人在孩提时代并没有养成这样的习惯。在西方，我们被教导要成为知识渊博、工作努力、对社会有益的一员，但是却没人教导我们怎样善待自己的情感，尤其是在困难时刻。

学会静观

值得庆幸的是，改变的契机来了。西方科学家已开始证明静观对健康的好处，把目光投向起源于数千年前的东方冥想传统。现在数百项研究显示，若能够以静观的方式把注意力集中于当前时刻的体验，人们会具有更好的情绪平衡。例如，使用功能性磁共振成像技术进行的大脑扫描显示能秉持静观的人对恐惧和威胁图片的反应更小，他们的杏仁核（面对不良情绪时发出战斗或逃跑的指令）激活的水平更低。简言之，他们更不容易心烦意乱，因而更不会任环境所摆布。出于此，静观被治疗师和专业人士普遍使用，以帮助人们应对压力、成瘾、躯体疼痛以及其他形式的痛苦。

乔恩·卡巴金的静观减压（Mindfulness-Based Stress Reduction, MBSR）项目就是美国最普遍和成功的减压项目。在全美以及世界范围内数以百计的医院、门诊和医疗中心开设了静观减压课程。为期八周的强化项目通过一系列练习指导人们学会秉持静观。研究显示通过静观减压课程，人们更能秉持静观，更能轻松自如地应对生活中的挑战。静观减压课程同样也有助于人们应对顽固性疼痛。例如，一项卡巴金早期的研究发现患有衰弱性背疼的人在参加了静观减压项目之后感觉的疼痛大幅度减少。

静观减压课程最为关键的践行之一就是静观冥想。这种类型的冥想通常要求静坐闭目减少感觉输入，所以更容易将注意力投向此时此刻的体验，而不必受过多外部感觉的逼迫。人们通常以关注他们一段时间内的呼吸开始冥想，以平息心灵，锐化注意。一旦心灵得到平息，注意力自由地在意识域中的各种思想、声音或者感觉间游走。重要的是不加评判地观察所生成的体验，不要试图拒斥或者强留任何一种体验。只是简单地让想法和情绪自生自灭，像鸟儿飞过广阔的天空。跟踪心理现象的产生与消逝会逐渐增加人们在日常生活中秉持静观的能力。

需要注意的是，尽管冥想是增强静观强而有力的方式，但是也存在着其他平息心灵，打破想入非非的途径——像默默地祷告，甚至林间的独行。另外一种可以尝试的方法是慢慢地进行数次深呼吸，把注意力集中于吸入和呼出时的所有感觉。静观并不是什么玄之又玄的修行：我们都天生具备了觉察自己意识域的能力。这意味着我们完全有能力修行静观。总体而言，以友好、非评判性的方式对自己此时此刻的思维、情绪和感觉有意识地加以关注才是关键。

练习三
日常生活中的静观

每天选择一项你将秉持静观的活动。可在刷牙、从停车场到办公室的途中，以及吃早餐或者电话铃响起的时候进行。你可能会选择一项早上发生的事，帮助你在被日常活动埋没之前记得要秉持静观。你投入到静观活动之中时——假设你选择了从停车场到办公室的步行作为秉持静观的活动——请把觉察聚焦于那一刻的实际体验。

试着不要想到达办公室之后你需要做什么，而只关注走起路来的感觉。在脚接触路面的时候是什么感觉？随着双脚的交替，你能注意到感觉上的变化吗？在你移动的时候，在重心左右互换的时候，腿的感觉如何？在你步行的时候，空气的温度如何，温暖还是寒冷？试着把你的觉察带到步行时的方方面面。注意每次不同的感觉是非常有帮助的，而且你也不会产生被淹没的感觉。如果你迷失于想法和情绪之中，只要留意一下，并再次把觉察带回到行走的体验就好了。

你正在做的事其实是在锐化你的专注力，锻炼你的静观力。在面对挑战性事件时，它最终会帮助你。你会对困难情绪保持觉察，而不会被它掳走。我们都能够静观，但是在繁忙的生活中，我们必须放慢节奏，注意到——即使片刻——此时此地有什么事情发生于我们身上。

由于静观是自我关怀最核心的成分之一，所以在改善静观技巧时，我们能够自然而然地增加自我关怀的能力。数项研究已经显示参试者在参加完为期八周的静观减压课程之后增加了自我关怀的水平。类似的研究也显示体验到静观的冥想者比没有体验到静观的冥想者更能够自我关怀。

尽管增加静观技能是培养自我关怀的一个重要方式，但是自我关怀的另外两个部分——善待自己和共通人性——同样也能够增强静观的能力，这就产生了一个积极自我强化的循环。静观的敌人之一是过度认同——容易使人陷入个人剧情之中，看不清此刻所发生的事情。如果因迷失于自我评判或者感到与他人的疏离而心烦意乱，你就难以对痛苦情绪秉持静观。而如果能够给予自己更多的关切与友善，或者从更大的人类视角来审视当下，你就有了走出个人剧情和遭遇所必需的空间。

三个入口

自我关怀作为应对困难情绪的工具，其好处在于它有三个入口。任何时候只要你注意到痛苦，你都有三个潜在的行动过程。

你可以给予自己友善与关切。

你可以提醒自己遭遇困难是人类体验共有的一部分。

你可以对思维和情绪秉持静观。

在遭遇到困难情感的同时，投入到自我关怀三个部分中的任何一个都会让另外两个变得轻而易举。有时，你会发现当前的心情或者处境让你更容易从其中的某个入口进入。但是一旦进入，就会豁然开朗。你已触碰到自我关怀的能量，它会让你革命性、创造性地转换与人生之苦的关系。以自我关怀为稳固跳板，你可以明智地采取行动，追求更为健康、快乐与幸福的生活。你不会再被困难情绪拐走，而是把困难情绪带入佳境。你可以承载它们、接纳它们，在感受到它们的时候关怀自己。值得赞叹的是你不用向任何人或物索求这件礼物。你也不必等待时机。恰恰正是你陷入困境或者跌入谷底的时候，自我关怀招之即来。

练习四
自我关怀日记

试着每天记录自我关怀日记，坚持一周（或者你想多久就多久）。写日记是表达情绪的有效方式，已被人们发现能够强化心理和身体的良好状态。在晚上的某一时间点，当你得以安享片刻，回顾一下白天所发生的事情。在日记里写下任何你觉得糟糕的事情：让你评判自己的事，或者让你痛苦的任何困难体验。（例如：在吃午饭的时候，你对女服务员动怒，因为她花很长的时间才给你拿来账单，你给了个差评，没给小费就甩手而去。后来，你感到羞愧和尴尬。）对于每个事件，请以自我关怀的方式，运用静观、共通人性和善待自己对待。

静观

这个主要涉及把觉察带给因自我评判或困难环境而生的痛苦情绪。写下你的感受：难过、羞愧、害怕、压迫，等等。在你写的时候，请尝试不要评判而是要接纳你的体验，不要轻描淡写也不要故意夸大。（例如："因为她的轻慢我感到懊恼。我变得气愤，反应过激，事后又觉得愚蠢。"）

共通人性

写下你的体验与人类体验相互关联的方式。这可能包括承认人之为人意味着不完美，以及所有的人都有诸如此类的痛苦体验等。（"每个人都有反应过激的时候，这就是人啊！"）你可能还想到了这一痛苦事件背后的原因和前提。（"我的懊恼感因到城市另一端就诊迟到而加重，那天交通拥堵。如果没有发生这些，我的反应可能会不同。"）

善待自己

对自己写一些友善的劝慰之词。让自己知道，你关心自己，要以轻柔安慰的语调进行。（没关系，虽然一团糟，但还不是世界末日。我理解你有多么的沮丧，你只是一时失语。我知道你有多么重视对他人的友善，你现在感觉有多糟。或许，这周你可以试一试成为一名额外小费患者，对服务员慷慨些。）

在写日记的过程中践行自我关怀的三个部分有助于你组织自己的思想和情绪，更好地将其编码进记忆中。如果你是一个经常写日记的人，你的自我关怀能力会变得更强大，并且更容易转化到日常生活中。

我的故事：穿越阴霾

我将用第一手资料告诉你救命仙丹式的自我关怀到底是什么。在我疲于应付罗文的自闭症时，是它把我一次又一次从绝望的悬崖上挽救了下来。当我的心开始沉沦于恐惧的黑胡同时——罗文会怎样呢？他能独立生活吗？他能够成家立业吗？——我试着让自己停留在此刻。我在此处，我在此刻。罗文是安全快乐的。我不知道他会发生什么或者他的未来会怎样。这是一个谜题，陷入恐惧并不能帮助他。让我专注于平复自己，安慰自己吧。我可怜的孩子，我知道此刻对你而言也是异常艰难的……当我带着关切之情抚平烦乱的心时，我已能够保持专注，不被打垮，并且意识到不管罗文的未来怎样，我都真切地爱着他。

有时，我会觉得自己再也无法支撑下去了，但是自我关怀却让我安然度过。因一时放错了斑马玩具或者其他一些看似不重要的琐事，罗文时常会勃然大怒。此时我会试着让自己静观地关注自己的呼吸，对内心的痛苦抱以关怀，而不是对抗和抵制它。自闭症儿童的发怒有着神经学上的起源，通常是因为超载的感觉系统。他们甚至无法阻止自己的反应或者被安抚下来。父母所能做的仅仅是不要让孩子伤害到自己，等待暴风雨的停歇。

由于人们想当然地以为罗文是个被宠坏的孩子，我则是个不称职的母亲，无法管教他的行为（一位自闭症孩子的母亲告诉我有一个陌生人甚至掌掴她的孩子，因为他认为这孩子欠管教）。在杂货店里他们会向我投以不以为然的表情，我也会对自己抱以关怀之心。我会把痛苦感受放在带着静观的、空间广阔的意识觉察中，这样一来它们就不会吞噬我了。

III

PART

自我关怀的益处

6 情感弹性

你十分清楚的是，在你内心深处，只有一个唯一的魔法、唯一的力量、唯一的拯救……这就是爱。那么，爱你正在承受的痛苦吧。不要抗拒，试着走出来。你不过是在回避伤害，仅此而已。

——赫尔曼·海塞（Herman Hesse）

《此心安处是吾乡》（*Wherever You Go, There You Are*）

自我关怀是用于解决困难情绪的一项十分强大的工具。我们的生活会经常受情绪的恶性循环的影响，而自我关怀则是将我们从这种恶性循环中拯救出来的工具。这一章里，我们将进一步了解自我关怀如何提供情感弹性，并达到提升幸福感的目的。通过改变我们看待自己以及生活的方式，我们就可以得到实现真正快乐所需的情绪稳定性。

自我关怀与消极情绪

在研究文献中，一个最稳定、最一致的结论是：越是自我关怀的人，患焦虑症和抑郁症的可能性越小。自我关怀与焦虑和抑郁的关系十分紧密：自我关怀可以对三分之一到二分之一的焦虑和抑郁的变化做出解释。这意味着，自我关怀是对抗焦虑和抑郁的主要保护因素。正如之前讨论的那样，焦虑和抑郁体验中包含着自我批评和不足感。当感觉自身存在致命缺陷并且无法迎接生活中的挑战时，我们则会倾向于封闭自己的感情来应对恐惧感及羞愧感。就像消极心态会给我们的经历涂上一层阴影一样，当我们眼中看到的都是厄运与黑暗，那么，一切都将会由此而变得更加糟糕。我喜欢把这种心理状态称为“黑色黏质心理”。

尽管这种过程是黏滞的并且令人不舒服，但这的确是十分自然地发生的。有研究发现，人类大脑存在一种消极偏向，即比起积极信息来说，我们对消极信息更加敏感。例如，当我们对他人或自己做出评价时，消极方面的信息会比积极信息得到更大的权重。设想一下，当你参加聚会准备出门之前，瞥一眼镜子中的自己，发现下巴上长了一颗粉刺。那么，你可能就不会关注发型或是着装有多棒，而只会关注那一颗粉刺。而此时，这颗粉刺就好像急救车上闪烁的红灯一样，在你的脸上闪耀。相应地，你对自己装扮的评价也会出现扭曲。而这一现象的产生是有原因的。

在自然环境中，消极信息通常意味着威胁。如果没有立即注意到埋伏在河岸边的鳄鱼，那么，我们将会成为它的午餐。人类的大脑通过进化过程而实现了对消极信息的高度敏感性。这样，我们大脑中的杏仁核就能更容易、更快速地做出战斗还是逃跑的决定，这就确保了我们有最大的可能生存下来。而积极信息对长期生存的意义很大，但对眼前的生存则影响不大。当我们感到口渴或决定在某处露营时，河水是否是淡水、是否清洁，就显得十分重要。而长期来看，这些问题则并没有那么紧急。因此，与消极信息相比，我们的大脑会把更少的时间和注意分配给积极信息。正如《像佛陀一样快乐：爱和智慧的大脑奥秘》（*The Buddha's Brain*）一书的作者瑞克·韩森（Rick Hanson）提到的那样：“我们的大脑对待消极经验时就像维可牢尼龙搭扣（Velcro），而对待积极经验时则像特氟龙不粘涂层

（Teflon）。”我们常常把积极信息当作理所当然，而却特别关注消极信息，就好像我们需要依靠消极信息存活一样。

一旦我们聚集在消极想法上，那么这些消极想法就会像一台坏的唱片机一样，不停地、翻来覆去地播放。这一过程就叫作“穷思竭虑”（与牛“反刍”使用的单词相同）。在这一过程中，伴有能够同时导致抑郁和焦虑的反复的、侵入式的、失控的思维方式。对过去消极事件的穷思竭虑会导致抑郁，而对未来可能发生的、潜在的消极事件的穷思竭虑则会诱发焦虑。这就是为什么焦虑症和抑郁症总是相伴而生，因为它们都源自进行穷思竭虑的内在倾向。

研究发现，女性比男性更有可能穷思竭虑，这就可以解释为什么女性患抑郁症和焦虑症的概率是男性的两倍。尽管出现这样的性别差异可能是生理上的原因，但是，文化的因素也起到了重要的影响。因为从历史上来看，女性在社会中拥有的权利比男性少，她们也无法控制即将面临的事件。因此，她们不得不对威胁更加警惕。

如果你是一个习惯于穷思竭虑的人，或是正经受着焦虑症与抑郁症的折磨。那么对你来说，“不要因此而评判自己”是非常重要的。记住，对消极想法和情绪的穷思竭虑，根本上源自对安全的渴望。即使脑活动模式给我们带来相反的解释，但是我们依旧要感谢它们努力地让我们脱离鳄鱼之口。同样需要记住的是，即使有些人似乎超乎常人地习惯于穷思竭虑，但是在一定程度上，所有人都存在消极偏向。这已经是我们大脑中根深蒂固的习惯了。

摆脱束缚

那么，我们要怎么做才能从这种根深蒂固的、沉浸于黑色黏质的倾向中摆脱出来呢？办法是：关怀我们自己。研究显示，与缺少自我关怀的个体相比，自我关怀高的个体会更少地经历消极情绪，如恐惧、应激、敌意或压力。虽然这些情绪依旧会出现，但是却不会出现得十分频繁，也不会持续很久。部分原因是，自我关怀高的个体会更少地穷思竭虑。恐惧感、羞愧感与不足感也会促进穷思竭虑的进行。自我关怀能够直接反击这些不安全感，因此可以帮助我们打开穷思竭虑的死结。

当我们以一种客观的态度体验到消极的想法和感觉时，我们能够注意到消极信息，但不会像尼龙搭扣那样被牢牢粘住。静观能够帮助我们认清那些消极的想法和情绪是不切实际的。因为这些消极想法是可观察到的，而非内心坚信的，因此，它们会得到较小的权重。这样，对想法和情绪的消极偏向便会在产生之后顺利消散。这就帮我们以更加平和的心态来应对生活中可能出现的问题。

将静观与消极情绪联系起来的一个有效的方法是把这些消极情绪理解为生理感觉。这似乎是一个不太熟悉的概念，但是所有情绪都可以在躯体上表现出来。愤怒是咬紧牙关，内脏痉挛；悲伤是眼周沉重，抬不起眼皮；恐惧是喉咙发紧。对不同的人来说，情绪的生理表现也会有所不同。并且随着时间的增长，也会出现变化。但是，如果我们仔细观察，仍旧可以在躯体反应上观察到情绪的存在。当我们在生理水平上体验情绪，而不是仅仅思考是什么让我们不开心，那么，感受当下就会变得很容易。这就是注意到“胸闷”和思考“我难以相信她竟然对我说这些话，她以为她是谁啊”等的区别。通过聚焦于我们的躯体上，我们就能够平静下来，安抚自己，而不会在消极事件中迷失。

出于某种原因，我总是以一种消极的、焦虑的状态，在早上四点左右醒来。当我躺在床上，我头脑中一直盘旋着恐惧和不满，并且注意力集中在我一生中做过的所有错事上。正是因为这一现象总是规律性地发生，我已经学会将这种心境预想为夜里的一场暴雨，而不会将我的思绪卷入其中。我试着想象乌云从头顶飘过，并以雷鸣闪电结束。闪电代表着脑中的焦虑不安，这可能受我的睡眠周期影响。我对这种心境不会太当真，反而将意识转移到躯体感觉上来：我身体压在床上的重量，盖在身上的毯子给我的感觉，我的手脚的触感。我努力记住此时此刻的感受，只是冷眼旁观这场暴雨经过。果然，最后我又重新入睡，再醒来时拥有了更好的状态。这就是静观的力量。它帮助你充分体验当下的感觉，而并不令你卷入其中。

然而，通常情况下，静观本身不足以使我们避免卷入抑郁与焦虑之中。有时，我们的确会受消极信息影响。我们需要努力地抚慰自己。当消极情绪来袭时，对自己好一些，我们就会开始感受到关爱、接纳和安全。我们平衡消极情绪的黑暗力量与爱的光明力量。这些温暖与安全的感觉则会抑制躯体的威胁系统，激活依恋系统，并使杏仁核平静下来促使更多催产素释放。幸运的是，研究发现，催产素可以抑制我们与生俱来的对消极信息的偏向。

在一项研究中，研究人员给被试者看一系列人脸图片，让其指出它的情绪类型。其中一半被试者接受包含催产素的鼻腔喷雾，另一半被试者（控制组）则接受安慰剂喷雾。结果发现，与控制组相比，接受催产素喷雾的被试者在判断恐惧面孔图片时，反应会更慢，并且更不可能将积极面孔错认为消极面孔。这说明，催产素可以降低我们快速关注消极信息的倾向。

那么，将关怀与我们的消极想法、消极情绪联系起来，这是一个减少消极偏向的好方法。关怀可以阻止穷思竭虑，并产生一个饱含希望的愿景——我怎样才能马上平静下来，安抚自己？

练习一
从身体上解决困难情绪：缓和、安抚、容许

（MP3格式的引导性的冥想，可点击：www.self-compassion.org）

下一次，当你体验到消极情绪，并想要直接面对它时，试试从躯体上来解决这些消极情绪（这一练习需要十五到二十分钟）。

开始时，以舒服的姿势坐或平躺在地板上。尝试将这些消极情绪在身体上定位。中心在哪儿？在头上、喉咙、心脏还是胃部？描述这些情绪：刺痛、灼痛、压迫感、紧缩感、剧痛感（抱歉，但是情绪伤痛出现时的典型感觉并不令人愉悦）。感觉是猛烈且固定的，还是流动且变化的？有时，你可能感觉到的只有麻木，但是也请你注意这种感觉。

如果这种感觉特别痛苦，难以体验，那么，请慢慢感受。试着缓和一切阻碍你感觉的内心抗拒，这样，你就能全身心地感受。有时，它帮助你先关注感觉的外延，如果你感觉安全并可以承受，就会向内部扩展。

一旦感觉到了那种痛苦的情绪，给它以关怀。告诉自己，你能感受到它是多么痛苦，并且让你知道你很关心自己的幸福。试着用这样的话，“亲爱的，我知道这很难”，或“亲爱的，我知道你有多痛苦”。安抚这种痛苦的情绪，就像抚摸哭泣的孩子的头一样。再一次明确指出，没问题的，可以的，一切都会好起来的，你会给自己情感支持以渡过难关。

当你发现自己通过思索而摆脱痛苦时，再次注意身体感觉，并重新开始。

做这个练习时，默念“缓和、平静、自由”这几个词是很有帮助

的。这可以帮助你接受现在的感觉，缓和任何抗拒，积极面对与抚慰自己。

给自己关怀之后，注意一下，你的身体感觉是否发生了变化。痛苦得到缓解了吗？可忍耐的时间延长了吗？这种感觉开始瓦解、移动并转移了吗？无论事情变得更好、更坏还是保持不变，都要不断地给自己关怀与鼓励。

然后，当你觉得舒服了就站起来，做些舒展运动。通过练习你会发现，自我关怀能帮助你应对困难事件，而不必穷思竭虑地想办法解决。自我关怀的力量可以对你的身体起直接作用。

感受一切

自我关怀可以缩短消极情绪的持续时间，但是同时需要牢记的是，它并不是以令人厌恶的方式将消极情绪赶走。这一点令人十分困惑，因为传统观点（著名的强尼 · 莫瑟曲调）告诉我们应该强调积极而摒弃消极。然而问题在于，如果你尝试消除消极，反而会起到反效果。在心理上或是情绪上，对痛苦的抗拒都只会令折磨加剧（记住，折磨 = 痛苦 × 对抗）。我们的潜意识会记录下每一次回避和抑制的尝试，而最终却会以放大痛苦而告终。

心理学家已经实施了许多研究来考察人类有意识地抑制不想要的想法和情绪的能力。他们的研究结果是清晰的：我们并不具有这种能力。然而自相矛盾的是，每一次做出有意识地抑制不想要的想法和情绪的尝试时，似乎都只会让这些想法和情绪变得更加强化。在一项经典研究中，研究人员要求被试者在五分钟时间里报告出他们头脑中出现的想法。然而，在做实验之前，研究人员告诉被试者不要想象出一只白色的熊。但是如果他们的确想到一只白色的熊，就需要按响警铃，警铃会发出类似于圣诞音乐的声音。在随后的下一项研究中，被试者可以在五分钟内自由联想并想象一只白色的熊。并通过想象，使之可视化。同样，被试者被告知在五分钟的时间间隔里报告他们的想法，并且一旦想到一只白色的熊就按响警铃。结果发现，警铃响起的频率变少了。比起一开始就注意到这些不想要的想法和情绪来说，抑制它们的尝试行为反而会使它们更强烈、更频繁地进入意识知觉[有趣的是，前述实验中选取“一只白色的熊”的原因是陀思妥耶夫斯基（Dostoyevsky）的故事。他曾经为了向他的哥哥阐明思想的说服力，向他的哥哥提出挑战。要一直站在屋子的角落里直到停止想象一只白色的熊才转身。毫无疑问，他的哥哥那晚没有吃到晚餐]。

研究发现，与那些缺乏自我关怀的个体相比，高度自我关怀的个体更少地抑制不想要的想法和情绪。他们更喜欢去体验那些困难情绪，并乐于承认这些情绪是有效并重要的。这来源于自我关怀带来的安全感。当你知道在这一过程中会获得支持，那么，面对情感伤痛也就变得不那么可怕了。就像面对一位可以依赖的、关心你、懂你的知心朋友那样，你可以毫不费力地倾诉。当你能够确信你的伤痛可以得到关怀和关注时，你也可以很容易地对自己敞开心扉。

自我关怀之美在于并非用积极情感取代消极情感，而是通过拥抱消极情感而产生新的积极情感。关爱和与之联系的积极情感是与痛苦的感觉相伴而存在的。当我们关怀自己时，可以同时体验到阳光与阴暗。这是十分重要的，因为可以确保抗拒的燃料不会添加进消极的火堆里。这同样帮助我们赞美完整的人类体验，这样我们就可以变得纯粹而完整。正如马塞尔·普鲁斯特所说的：“只有完整的经历，我们才能从煎熬中得到解脱。”

通向完整的旅程

变得完整的道路很漫长，并不是一蹴而就的。我的好朋友蕾切尔（Rachel）在攻读研究生学位，尽管她很机智很聪明，但是有点儿像是处于黑洞之中。我第一次见她时，她穿着的T恤上印的字，对此做出了很好的总结："生活就是个荡妇。如果它真是个荡妇，那么一切都简单了。"蕾切尔是一个典型的思想消极的人，经常认为"只有半杯水了"而不是认为"还有半杯水"。即使一切相当顺利，只有几个问题需要解决，她几乎还是会只关注那些特定情况下才会出现的问题。她理所当然地认为，生命中的一切都应该是正确无误的，因为一切都不是问题，也就不需要处理。这就意味着她经常感到焦虑、挫败和抑郁。

记得有一次，蕾切尔为我的生日做了一个巧克力蛋糕。便利店里她喜欢的牌子的巧克力卖光了，她选择了另一个不太好的牌子，但是蛋糕依然十分美味。不论我告诉她多少次我喜欢她的蛋糕，她依旧只关注于这个蛋糕不如平时做得那么华丽，也不够好（我想，她对这个蛋糕的评论是"吃起来像巧克力仿制品"）。之后她便为了她的蛋糕而心神不宁，一直沉浸在这种心境之中，最终提早离开了我的生日宴会。

我能解决蕾切尔的消极性问题，因为她常常能使我开怀大笑。就像那时我问起她的约会进行得怎样。"很无聊。我问他怎么样时，他就是这么如实回答的。"然而，她在研究生阶段交往的男朋友从未发现她是如此有趣，并最终认为她是个无聊的人而与她分手。然后，她开始不喜欢自己的消极，这无疑使状况变得更糟。

一毕业，蕾切尔便许诺她要改变自己的行为方式。在读过几本有关积极思考的书之后，她开始每天说一些积极的、肯定自己的话，就像"我是一个光芒四射的人，我拥有积极的能量"，"每天，在各个方面，我都在变得越来越好”。无论情况如何，即使有时候内心痛苦，她也都会尝试着积极思考。她持续了几个月，但是并没有坚持下来。这对她来说就像是欺骗，而且因此花费了太多的努力。

我和蕾切尔这么多年以来一直保持着联系。当她问我最近在忙些什么的时候，我告诉她我在研究自我关怀。开始时，她并没有很深的感触。“这不就是给糟糕的生活加上一层甜蜜的外衣吗？”但是因为我们是老朋友，而且她也很尊重我的观点。最后，她成功地克服了最初的抗拒并听我给她讲解概念。有时她并不说话，我猜想她接下来会转转眼球，对我说的一切都嗤之以鼻。然而相反的是，她对我说，她想要试着关怀自己，并请我提供一些帮助。她应该做些什么呢？然后我告诉她我所做的事情。

这是一个苦难的时刻。
苦难是生活的一部分。
这一时刻，我应该对自己好一些。
我需要给自己一些关怀。

我发现这些短语特别有效，不仅是因为句子短便于记忆，还因为它们同时引发了自我关怀的三个方面。第一个短语“这是一个苦难的时刻”，之所以重要的原因是，它将静观带入了一个现实，那就是你正处于痛苦之中。如果你因为只获得了几英镑而心烦，或是由于违反交通规则而将车停在路边，通常很难将这些事件定义为值得关怀的痛苦时刻，而将其牢记于心。

第二个短语“苦难是生活的一部分”，是在提醒你，不完美在人类状况中是很平常的。现实并非完全如你所愿，你也不必去与现实抗争，因为这是常态。不仅如此，这是每个地球人都会经历的。在这一状况下，你也并不孤单。

第三个短语“这一时刻，我应该对自己好一些”，为我们当下经历的事件带来了关怀感。当你经历过痛苦后，能够抚慰自己、安抚自己时，你的心会开始变得柔软。

最后一个短语“我需要给自己一些关怀”，坚定了你要自我关怀的决心，并且提醒你：你值得得到关怀。

在练习了几周自我关怀的方法后，蕾切尔开始从她一贯的消极思维定势中摆脱出来。她能够正视那些忧郁的、令人沮丧的想法，也就不再陷入黑暗而无法自拔了。她发现对自己的批评越来越少，而且也没有那么多的抱怨了。取而代之的是，当她经历消极想法和情绪时，她会念出这些短语，并努力把注意力放在“我受伤了，需要照顾”的事实上来。

她告诉我，她最喜欢自我关怀的一点是“我不必通过欺骗自己来使它发挥效用”。说一些肯定自己的话，是使自己相信一切顺利，即使实际情况并非如此。与之不同的是，自我关怀则让蕾切尔接纳并认可一个事实：有时，生活的确很糟糕，但是我们不必把事情变得更糟。自我关怀的重点不是否定痛苦，而是承认这是正常现象。生活的不完美并没有错，只要我们不期望它会是十全十美的就好。

她说：“真是不可思议！有时候我一说这些短语，我的消极想法就消失得无影无踪了。我并没有试图将它们赶走，但是，它们真的不见了！就像大卫·科波菲尔的魔术一样神奇。”

然而，蕾切尔也并不是一个盲目乐观的人，她仍然还会先注意那些问题情况。但是，她的消极并没有让她再次沉入抑郁的痛苦之中。她也会嘲笑自己抑郁的想法，因为，这些想法再也不会完全控制她了。当她记得要关怀自己时，不仅会注意到杯子里空了一半，也会感恩杯子里还有半杯水。

练习二
找到属于自己的自我关怀咒语

自我关怀咒语是一组可以记下来的短语。无论何时，你想要关怀自己时，都可以默念这些短语。当痛苦产生，激烈的情感冲突出现时，它们就能发挥很大的作用。

你可能发现，我的一些话可以帮助你，但是能找到适合你自己的短语会更好。重要的是，要同时引发自我关怀的三方面，而不是使用某些特殊词汇。

你还可以用下面这些词语来替换第一个短语中的词汇，“我正在经历一段痛苦的时期”，或“我现在感觉太痛苦了”等。

可以用如下说法替换第二个短语，“有时候，每个人都会有这种感受”，或“这是人类都会经历的”，等等。

对第三个短语来说，可以用这些说法代替，“温柔地对待自己的痛苦”，或“对自己好一些，理解我自己”，等等。

最后一个短语，也可以这样说，“我值得获得自己的关怀”，“我正试着努力关怀自己”，等等。

在这四个短语中找到让你最舒服的一个，并牢牢记下来。然后，下一次在评价自己或是体验痛苦经历时，你就可以使用这些短语来提醒自己，关怀自己。这是一个简便的方法，能帮助你缓解痛苦并冷静下来。

自我关怀与情绪智力

自我关怀是情绪智力的一种重要形式。正如丹尼尔·戈尔曼那本富有影响力的书中描述的那样，情绪智力包括监控自己情绪的能力以及巧妙运用这些信息来指导思维和行动的能力。换言之，能够意识到自己的情绪而不被这些情绪所胁迫，这样你就能做出明智的选择。例如，一个人做出了毫无意义的评论，而你意识到了你对他很恼火。你可能就会在开始讨论之前多走几圈来让自己平静下来，而不会以冲入脑海的第一反应来对他做出回应。即使在这个时刻你很想，但也最好不要说“叫你笨蛋是对所有傻瓜的侮辱”之类的话。

研究发现，高自我关怀的个体也会有较高的情绪智力。这说明，当激动不安时，高自我关怀的个体能够保持情绪稳定。例如，一项考察人们对尴尬任务如何反应的研究中，要求被试者面对一台摄像机来编一个儿童故事，故事要以“很久很久以前，有一只小熊……”开头。研究人员会用摄像机记录下被试者的表现。随后，向被试者呈现刚才录下的他自己讲故事的影片，然后请被试者说出，当他讲故事时体验到何种情绪。结果发现，高自我关怀的个体在评价讲故事时的情绪时，更可能说出他们是开心的、放松的、平和的。而缺乏自我关怀的个体则报告称，他们感到悲伤、尴尬或紧张。

另一项研究旨在考察自我关怀的个体解决日常生活中消极事件的方式。研究人员要求被试者报告他们二十天时间里遇到的问题，例如与恋人吵架、工作压力等。结果发现，高自我关怀的个体对待问题更加有全局的眼光，也不会因为这些消极事件而感到孤立无援。例如，他们感到与其他人相比，他们的努力并不少。并且当思考这些问题时，高自我关怀的个体不会感到十分焦虑或难为情。

同样有心理学数据支持这一结论：自我关怀的个体具有更好的情绪应对能力。研究人员对一组被试者进行了自我关怀训练，并测量了他们的皮质醇水平与心率变异性。皮质醇是一种在压力作用下分泌的激素，而心率变异性是有效应对压力的指标。与那些自我批评的个体相比，越是自我关怀的个体，他们的皮质醇水平越低，而心率变异性越高。这说明，自我关怀的个体能够以平稳的情绪来应对生活中的各种挑战。

当然，那些经历过极端生活挑战的个体，如险些在一场车祸中丧生或遭受性侵犯，可能需要花很长时间来应对。这种情况可能会发展成创伤后应激障碍（PTSD）。PTSD是一种极端心理创伤之后严重的、持续的情绪反应。PTSD通常会以闪回或噩梦的形式使患者再次经历创伤性事件，也会干扰患者的睡眠模式，并伴有恐惧或易怒的症状。PTSD的主要症状之一是经验性回避，即患者对与创伤有关的情绪采取持续回避的态度。然而不幸的是，回避只会使PTSD病症加剧，被压抑的情绪在努力使患者回到意识过程中，这使负面情绪变得更加强大。为压抑情绪所做的努力也会削减能解决挫败感的能量，这意味着PTSD患者常常是处于应激状态的。

有一些例子可以说明自我关怀能够帮助个体摆脱PTSD。例如，对一些存在PTSD症状的大学生的研究就可以说明一些问题。这些大学生都经历了一些创伤性事件，如车祸、火灾或威胁生命的疾病。结果发现，与缺乏自我关怀的个体相比，高自我关怀的个体报告的严重症状较少。特别是，他们不太会表现出回避症状，并且在面对与创伤性事件相关的想法、情感和感觉时，也会更自然。当你想要感受这些痛苦情绪，并愿意以关怀的方式对待它们时，它们也就不太可能影响到你的生活。

自我关怀给予我们冷静的勇气来面对那些糟糕的情绪。因为逃离开痛苦的感觉是不太可能的，但是我们可以心怀关怀地体验这些糟糕的情绪，就好像它们正发生在当下，而不是之前经历的那样。考虑到我们所有的经历都会有结束的那一刻，如果目前我们能够与痛苦相伴，那么，痛苦就可以按照钟形曲线那样，自然而然地上升，趋于平缓，最终消退。正如《圣经》中说的那样："一切都会过去。"或如佛教所言：所有的情绪都会"易于破坏、幻灭、消散、最终停止"。痛苦情感最根本的属性是：临时性。只要我们不依靠抗拒或回避去持续、扩大这种痛苦情感，那么，它们终究会随着时间的流逝而消退。因此，能使我们摆脱痛苦的唯一方法是与痛苦相伴。退亦是进。我们需要勇敢地转身，看看自己遭受的一切，并不断安抚自己，这样，时间就能发挥它那神奇的魔力了。

自我关怀的治疗能力

潘妮（Penny）是位离异的四十六岁的销售代表，一直遭受着焦虑的折磨。如果她二十一岁的在外上大学的女儿伊尔琳（Erin）几天不给她打电话，她就会觉得对方出问题了。她会发疯般地给女儿发短信，问她是否一切都好。她觉得没有消息就是个坏消息。或是当伊尔琳放假在家时，当她听见女儿在打电话时说了“噢，不”，她便会打断女儿的谈话，发疯般地问“怎么了，怎么了”。尽管伊尔琳爱她的妈妈，但是因为妈妈过于紧张，所以她有时会害怕回家。潘妮注意到了女儿不愿意回家，她也因此苛刻地将自己评价为一个焦躁的、不易相处的人。然而，她并不愿意成为现在这样。

伊尔琳十分确信的是，她妈妈的焦虑是由尚未解决的情感创伤引起的。当潘妮只有六岁的时候，潘妮的爸爸在越南战争中失踪。当得知这一消息时，潘妮的妈妈崩溃了。所以，潘妮先是由外婆照顾两年后，她的妈妈才能够再度照顾她。直到最后，也没人能找到潘妮的爸爸，而潘妮也没能正式哀悼她的父亲。这样造成的结果就是，潘妮十分害怕以同样的方式失去她的女儿伊尔琳。因此，焦虑渗入到她生活的每一个角落。

伊尔琳曾经在大学听过一次有关自我关怀的讲座，她努力劝说妈妈多关怀自己一些。她说：“妈妈，我希望你能开心。我认为自我关怀不仅可以帮助你，也能帮助改善我们之间的关系。”

出于对女儿的爱，潘妮虽然不太情愿，但还是决定参加治疗。她选择了一名将自我关怀与治疗手段相结合的治疗师。她希望最终能够控制自己的焦虑，并完成对已故父亲的悼念。治疗师建议她循序渐进地进行治疗，保证每一次治疗时都感到舒适。

首先，潘妮尝试把焦点放在关怀自己的易焦虑上。她开始意识到，每时每刻她都经历着像恐惧敲打内心一样的感觉。她的治疗师温和地提醒她，焦虑是一种相当正常的体验，就像数以百万的人每天在互相竞争一样。随着时间的流逝，潘妮不仅发现自己的焦虑不那么严重了，而且她还会开始尝试安抚自己持续而失控的恐惧感。一旦做好准备，她就能将注意力转移到恐惧感的来源上：当她还只是个年幼的孩子时，同时失去双亲的经历。

开始时，潘妮主要把自我关怀放在与她母亲相关的情绪上，而这是比较容易控制的。当她想到，母亲听到父亲失踪、不知能否生还的消息时经历的那种恐惧，她的心被打开了。然后，她试着关怀自己，当父亲失踪、母亲崩溃而无力照顾她时，她有多么害怕和孤独。起初，她只是有些麻木，并不能感受到什么。

治疗师请她在下一阶段的治疗时，带来小时候的一张照片，看看是否会有所帮助。照片中，一个穿着栗色天鹅绒裙子的六岁小女孩儿正在打开圣诞节礼物。当潘妮看着这张照片时，仿佛看见了女儿正在看着她。她想象着，如果女儿六岁时经历了她当年经历的一切，那么女儿会有什么感受。这冲开了她的防御，她可以和那个六岁的自己沟通，包括她感到的恐惧、困惑以及悲伤。

在随后的几周时间里，一想到童年经历，潘妮只是啜泣。她弥补不了什么，也改变不了什么。她也不能确保女儿以后不会遭受痛苦。她现在能做的只有面对痛苦、悲伤、担忧和恐慌，当然还有关怀。当她感觉自己要被消极情绪所吞噬时，她就会想想照片中的自己。她会想象抚摸小女孩儿的头发，温柔地告诉她，一切都会好起来的。尽管焦虑并未远离，但是已经开始消退，变得可以忍受，不再紧紧包围住她了。

一天，潘妮兴奋地来找治疗师，并告诉他：“昨天伊尔琳回到家，我听见她对电话说‘太糟糕了！我的天啊’，我的第一反应是冲过去问她发生了什么，但是，我没有这么做。相反，我只是让自己感受这种恐慌。我努力地让自己不要等女儿一讲完电话，就冲过去询问发生了什么。因为我想如果有什么急事，女儿一定会告诉我的。等待是个难熬的过程，但是我认为可以处理好。果然，结果是因为伊尔琳喜欢的电视角色在最后一集时被杀死了。仅仅如此。而我，胜利了！”

这样的故事十分常见，尤其是当有人支持你的时候（如治疗师），自我关怀具有转化生命的强大力量。为此，许多临床心理学家开始将自我关怀运用于治疗领域。

关怀之心的训练

保罗·吉尔伯特是德比大学的临床医师，著有《关怀之心》（*The Compassionate Mind*）一书，同时他也是提出将自我关怀作为治疗工具这一思想的领导者和研究者。他创立了一种团体治疗模型，即关怀之心的训练（Compassionate Mind Training, CMT），这一模型用于帮助那些遭受极端羞辱或自我审判的个体。他致力于帮助来访者理解不断的自我批评给他们造成的伤害，同时强调要心存关怀。吉尔伯特认为，自我批评是依靠进化过程而获得的、帮助个体存活下来的机制，它可以帮助个体获取安全而不会受到裁决。CMT的作用就是帮助人们理解这一机制，并且教会人们如何将自己与关怀而非自我谴责联系起来。但这一过程对某些人来说是十分困难的。

吉尔伯特的许多病人都有被父母虐待的痛苦经历，有些是在生理上，有些则是在情感上。为此，他们起初都不敢尝试自我关怀。因为当他们对自己好的时候，他们反而会感到很受伤。这是因为，当他们还是儿童时，本应该给予他们关爱和抚育的父母，给了他们极大的伤害。因此，温暖与恐惧混杂在一起，就造成他们起初接触自我关怀时，非常复杂和矛盾的情绪。吉尔伯特警告说，那些童年时遭受父母虐待的个体，在接触自我关怀时要慢慢来，以免他们会变得过于害怕或不知所措。吉尔伯特的研究也发现，那些没有虐待经历的个体也经常惧怕对自己表现出关怀之心。因为他们担心如果不使用自我批评来展现个人弱点的话，那么他们会变得脆弱，或者被拒绝。随后，对关怀的惧怕就会像路障一样，阻碍他们对自己好一些的道路，同时也会使自我批判和不足感更加恶化。

CMT主要依靠练习自我关怀意象，帮助来访者产生温暖感和安全感。治疗师首先要指导来访者想象出一个地方安全的景象，这是为了抵御各种可能出现的恐惧感。随后，指导患者想象出一个他心目中理想的关怀与慈悲的形象。对那些很难关怀自己的个体来说，这一过程尤其重要，因为他们想象出的形象将成为安抚他们的重要来源。最后，自我关怀将变得不再可怕，人们也可以利用自我关怀来解决缺陷感与不足感等问题。

在一项以精神病医院患者为被试者的研究中，CMT的有效性得到了证实。被试者都被诊断为有强烈的羞愧感和自我批评倾向。他们每周参加两小时的CMT训练，一共持续十二周。训练结果显示，患者的抑郁、自我攻击、自卑感和羞愧感水平都有显著降低。更重要的是，几乎所有患者在经过干预训练之后，都感觉自己可以痊愈出院了。

练习三
使用关怀意象

这一练习援引自保罗·吉尔伯特《关怀之心》一书。

1. 以舒服的姿势坐在一个安静的地方。首先，想象出一个地方安全的景象。这幅景象可以是真实的场景，也可以是虚拟的意象，只要它们能够让你感到平和、安宁和放松就可以。可以是铺满白色沙子的海岸边、有小鹿在吃草的森林空地、祖母的厨房或是发出噼噼啪啪响声的篝火旁。试着用你的心灵之眼想象：是什么颜色的？有多亮？那儿有什么声音、味道？如果在治疗过程中，你感到焦虑或是不安全。你就可以唤起这个安静的地方，来帮助你冷静、平和下来。

2. 下一步是创造一个心目中理想的关怀和慈悲的形象，这个形象需要拥有智慧、力量、温暖和无批判的接受性。对一些人来说，这个形象可能是著名的宗教人物，如基督耶稣或佛。对另一些人来说，可能是与他们熟识的、富有关怀心的人，如最爱的姑姑或老师。对还有一些人来说，可能是可爱的宠物、完全虚拟的形象，或是像一道白光一样的抽象画面。尽可能生动地想象这些形象，尽量将多种感觉结合起来。

3. 如果目前你正遭受着一些痛苦，想一想那些可以安抚你的智慧的、充满关怀的事物。她或他的声音听起来怎么样？她或他的语气给你传达了什么感觉？如果你感觉有些麻木或停滞，你可以回到那个让你觉得安全的地方，只是回到那里就够了。

4. 现在释放你的关怀意象，深呼吸几次，安静地坐着，享受着由你身体和心灵带来的舒适感。你要清楚知道的是，无论何时你想要关怀自己，都可以使用这些意象来使自己获得仁慈的礼物。

静观与自我关怀

克里斯托弗·肯·吉莫，是一位任职于哈佛大学的临床心理学家。他专门研究如何将静观与心理治疗相结合，并把自我关怀教给他的许多来访者。吉莫不仅是我的朋友，也是在我教授自我关怀的工作坊的同事。他写了一本很棒的著作，叫《不与自己对抗，你就会更强大》(*The Path to Self-Compassion*)。在这本书中，他总结了多年来帮助来访者关怀自己而获得的知识。

吉莫注意到，在治疗过程中，他的来访者会经历自我关怀练习的几个不同阶段。初期阶段，尤其是对那些遭受强烈无价值感的个体来说，常见的现象是“回火”。当切断火焰的氧气供给，再突然施以新鲜空气，则常常会出现爆炸的可能（这一过程被消防队员称为回火现象）。与之类似的是，习惯于自我批评的人，当他们初次接触自我关怀和要对自己好一点的理念时，他们反而会以愤怒和更加消极的态度爆发出来。就好像自我已经被不足感所包围，而当受到威胁时，“无价值的自我”会通过反抗来保住自己的位置。当然，对抗“回火”的方法是在意念上接受这种经验，并且对自己经历如此强烈的消极事件怀有关怀之心。

一旦最初的抗拒瓦解了，来访者开始对自我关怀的练习抱有热情的态度，他们就会意识到自我关怀是一个十分强大的工具。吉莫称之为“迷恋”阶段。在与自己抗争了这么久之后，人们会爱上这种安宁、自由的感觉。就像从新交往的恋人那儿收获一个吻一样，那种刺激感流遍全身。在这一阶段，人们想要依恋由自我关怀带来的良好感觉，并且想一直感受着这样美好的感觉。

然而，随着时间的流逝，当人们意识到自我关怀并不会神奇地把他们所有的消极想法和感受带走时，这种迷恋的感觉就会慢慢消散。记住，自我关怀并不能消除痛苦或消极体验，它只能用仁慈来包围它们，给它们足够的空间来实现转换。当人们想要用自我关怀来抵御消极情绪时，不仅糟糕的情绪会继续存在，还会变得更加严重。吉莫说，他把治疗过程中的这一阶段当作一个好的标志，因为这意味着来访者开始质疑他们的动机了。他们关怀自己，是因为想要情绪健康还是只想要消除痛苦？

如果人们可以在这个棘手的平衡点上坚持练习，最终，他们将会发现“真正接纳”的智慧所在。在这一阶段，自我关怀的动机由“治疗”转为“关怀”。生命是痛苦的，我们也不够完美，我们需要将这作为生命的一部分而全盘接纳。这样我们就能理解，开心与否并不依赖于环境，而是依赖我们追求快乐的内心。开心源于爱自己、爱生活。快乐与痛苦，优势与不足，荣誉与失败都是人类完整经历中重要的组成部分。

我和吉莫目前正共同致力于一项令人振奋的新项目中：建立一个八周时间的静观自我关怀（MSC）训练项目。这个项目与卡巴金的MBSR项目类似，我们也希望这会是对MBSR的有效补充。在开展这个项目的第一天，我们的主要任务是解释自我关怀的概念，并解释如何将自我关怀与自尊区分开来（见第七章）。在随后的几周时间里，我们则关注于如何利用自我关怀来解决消极情绪，我们采用的方法有：多种冥想方法的训练、家庭作业的布置、体验练习（包括本章中出现过的方法和其他方法）。这个项目能将人们的生活变得更好，所以似乎是十分成功的。我们将会分析数据，来验证MSC作为治疗干预的有效性。我们两人都确信的是：参与MSC项目，会帮助人们最大化他们的情感弹性和幸福感。（要了解更多的程序方面的信息，请点击www.self-compassion.org）

练习四
自我关怀身体扫描

在静观课程（如MBSR）中，常被教授的一个技术是“身体扫描”。它的观点是把你的注意力从头到脚地、系统地带过全身，把静观的意识带入你身体所有的生理感觉中。我和吉莫在我们的工作坊中也使用了这一技术，但稍做了一些改变：我们还加入了自我关怀。我们的观点是，当你在进行身体扫描时，一旦有不舒服的感觉，你应该试着积极地缓和这种紧张，对自己遭受的一切心怀怜悯。通过这种方式安抚身体，你就能在相当大的程度上缓解疼痛和痛苦。

开始时，最好平躺在床或地板上。缓缓地放下手臂，使之距离身体十五厘米远。分开双腿，与肩同宽。这在瑜伽中叫作“完全休息式”，可以帮助你全身的肌肉得到彻底的放松。从头部开始，注意头皮的感觉。是痒、刺痛、热还是冷？然后注意是否有不舒适的感觉。如果有，试着放松，缓解这一区域的紧张，并把这种关爱、关心传至这一区域。心中以缓和、舒适的声音默念：“可怜的宝贝，这儿有点紧张，没关系，放松就好。”这经常会起到极大的帮助作用。如果你已经对这部分传递了关怀，或是头部本来就没有不适感，那么把注意力转移到下一个部位。

你可以选择多种路径来实现这一过程，但是我常常选择从头部到面孔，脑后，脖子，肩膀，右臂（由上到下，从上端到手掌），左臂，前胸，腹部，背部，骨盆区域，臀部，右腿（由大腿到膝盖到小腿再到脚），左腿。其他人可能是由脚部开始，直至到达头部。究竟选择哪种路径，并没有好坏之分，关键是看对你来说哪种更舒服。

当你对一个新区域进行扫描时，检测一下这里是否感到紧张，关怀你的痛苦，试着去缓和、放松、安抚这一区域。我常常试着对疼痛的区域心怀感激，感激它为我那么努力地工作（就像我的脖子，它要支撑着我的大脑袋）。以这样具体的方式来对自己好，着实是一个难得的机会。而且做练习时，你做得越慢，有越多的静观觉知，你就越容易走出来。

这一过程会持续五到三十分钟（这取决于你的速度），而且在哪儿都可以实施。当你完成了这项身体扫描的过程，你已经将注意力缓缓地带过整个身体，同时也带来了爱和关怀。多数人在练习之后报告称，会感到十分放松和充满活力——而且这比按摩可便宜多了。

7 跳出自尊的游戏

别太自以为是。当你发现自己身上有自负的行为时，一笑而过。有时，你甚至会大笑。然而，人类怎么会容忍它这么久呢?

——艾克哈特·托尔（Eckhart Tolle）

《新世界：灵性的觉醒》（*A New Earth:Awakening to Your Life's Purpose*）

我们需要拥有高自尊来证明自己心理健康，这一观点在西方文化中得到了十分广泛的传播，以至于人们甚至不敢做出任何可能会伤及自尊的行为。我们被告知，要不惜任何代价地积极看待自己。教师被鼓励给所有学生小红花，以使他们感到自豪和与众不同。高自尊被描绘成彩虹尾部的终极宝藏，也是必须要得到和保护的宝贵财富。

的确，高自尊的个体是愉快的，通常他们有很多朋友，在生活中富有激情；而低自尊的个体则孤独、焦虑和抑郁。高自尊的个体是乐观的，把世界看作是他们的囊中之物；而低自尊的个体甚至经常在早上都无法系上鞋带。我们认为是自尊导致了这些结果。“高自尊可以实现心理健康”这一几近虔诚的信念导致了学校、社区中心和心理健康机构如洪水般地开始建立起自尊项目。1986年，加利福尼亚州组建了一个有关自尊、个人与社会责任的工作小组。这一小组每年获得二十五万美元的财政支持，而建立它的原因是：如果加州儿童的自尊提高了，那么，诸如校园欺凌行为、犯罪、未成年怀孕、药物滥用、学业无成等方面的问题就能够得到缓解。小组成员甚至还讨论了从长远来看，投资在儿童自尊上，可以以税收的形式获得回报的问题。因为，高自尊的公民会比那些低自尊的人挣更多的钱。许多女性杂志也对高自尊的益处大加鼓吹，数以千计的书籍讲的都是如何获取、提升和保持高自尊。

皇帝的新衣

高自尊的魔力已经被心理学家过分地放大了，而这些心理学家已经在期刊上发表了超过一万五千篇相关的文章。然而最近，心理学家们开始质疑高自尊是否真如我们鼓吹的那样，是否真的是灵丹妙药。例如，加州自尊小组的报告显示：这是一个彻底失败的研究。该小组期盼获得的结果，没有一个实现的。当然，这并不能阻止他们做出这样的结论："低自尊作为强大的自变量（条件、原因、因素），是社会主要问题的根源。"我们都知道这是真的，并不需要特设一个加州工作小组来告诉我们这个已知的答案。换言之，我们知道自尊会起效，所以不必试图首先证明这个不言自明的结论。正如幽默大师威尔·罗杰斯曾经提到的那样："我并不开玩笑，只是观察政府并报告事实而已。"

一篇具有深远影响的有关自尊的综述文章总结道：实际上，高自尊并不能提高学业成就、工作表现、领导能力，也不能阻止儿童吸烟、饮酒、药物滥用或过早发生性行为。就算是高自尊有一定作用，也不过是健康行为的结果而非原因。文章也对"欺凌弱小者的行为是因为其自尊水平较低"的假设提出了质疑。事实上，欺凌弱小者可以和其他人一样具有高自尊，捉弄别人只是令他感到强壮和出众的方式之一。高自尊的个体倾向于维护小团体，与其他人相比，他们更喜爱自己所在团体的成员。相应的研究发现，高自尊的个体与那些不喜爱自己的人一样存在偏见。此外，在不良社会行为方面，如考试作弊，高自尊的个体与低自尊的个体参与程度相近。

当高自尊的个体感觉受到了侮辱，他们会对他人展开猛烈抨击。例如，在一项研究中，研究人员告诉大学生，他们的智力测验分数要低于平均水平。结果发现，高自尊的被试者会通过抨击和贬低其他被试者来获得内心的补偿，而低自尊的个体则会对其他被试者表现出友善和恭维。当年度工作总结即将发表时，你宁愿和谁待在一起？

究竟什么是自尊

在深入探讨之前，有必要明晰自尊的实际构成。它的核心是对自身价值的评价，将我们评价为好人、有价值的人。西方心理学奠基人之一的威廉·詹姆斯（William James）曾经论述过，自尊是“在重要领域的胜任感”的产物。这意味着，在那些我们看重的领域上，我们认为自己很擅长，这样就会产生自尊。我很善于玩跳棋，不太会玩国际象棋。但是如果我很看重是否擅长玩跳棋或国际象棋，那么这才会影响到我的自尊。詹姆斯的经典论述暗示我们可以从两种方式来提升自尊。

第一种方法是重视我们擅长的内容，忽视我们做不好的事情。一个十几岁的男孩儿善于打篮球，却学不好数学。他可能认为篮球非常重要，而数学则是毫无意义的。当然，这种方法存在的潜在问题是，我们可能会忽视学习那些有价值的技能，只是因为这样做会令我们感觉更舒服。当一个孩子将全部精力放在成为一名篮球运动员的梦想上，而忽视数学的学习，他实际上是限制了未来的就业机会。这是常常发生的情况。换言之，我们希望在短期内获得高自尊，反而会影响长远的发展。

另一种提升自尊的方法是，在对我们有重要意义的领域提升自己的胜任能力。例如，一位很希望自己的身材像模特儿的女士，会努力地减掉那最后的五千克来达到她的理想体重。但这种方法也存在一些问题：有时，努力改进反而会事与愿违。那位女士想穿进二号尺寸的衣服，但可能最后会以饥饿、挫败和沮丧告终。所以，不太看重模特儿一样的身材，反而会更好（毕竟，多数男人说他们喜欢曲线美）。

著名社会学家查尔斯·霍顿·库利（Charles Horton Cooley）在20世纪初的时候提出了自尊的另一个常见来源。他认为，自我价值感源自“镜中自我”。意思是：我们觉得自己在他人眼中表现得如何。如果我们坚信他人对我们做出正面评价，那么，我们会自我感觉良好；如果认为他人对我们做出负面评价，我们就会感到难过。换言之，自尊不仅来源于自己的评价，也来自对他人评价的感知。请着重注意“感知”这个词。

研究发现，与亲密朋友和家人相比，自尊受陌生人影响更大。想象一下，当你妈妈告诉你，你有多么聪明和迷人的时候，你会当真吗？“我妈妈当然会这么说，因为她是我妈妈嘛。”我们倾向于给陌生人，如同事、邻居、同学的话赋予更大权重，认为他们的评价会更客观。当然，这一观点存在很大的问题。首先，那些是并不十分了解我们的人，所以不太可能做出准确的评价，那么，为什么我们要受他们观点的影响呢？其次，我们应该如何正确理解他们的观点呢？

当我还在读大学的时候，我会在去那家著名的死亡摇滚夜店之前，花上几个小时来整理我的妆容和哥特式发型。我想要看起来与众不同，我喜欢装腔作势，设想人们在背后注视着我。然而尽管如此，我的自尊感依旧比较低。许多年之后，一些朋友告诉我，那时，其他人觉得我真的很酷，甚至试图模仿我。换句话说，我对他人的观点的感知是大错特错的。当我回顾影像资料之后，发现他们的观点也是错误的。因为，我可以肯定地说，哥特式造型不适合我。

我们总会以为只有年轻人才会受同伴压力和不安全感的影响，但是，在很多情况下，成年人也会因为那些含混的、无根据的评价而感到欣喜或难过。不仅是我们对现实的知觉造成了这种影响，我们对他人的强迫性印象也会导致严重的自我欺骗。

魔镜，魔镜在墙上

高自尊的个体认为，与低自尊的个体相比，自己是可爱的、吸引人的，并能够与他人建立良好的关系。然而，客观来看，却不是这样的。在一项研究中，研究者想要考察大学生对自己的社交能力的评价情况，包括建立友谊关系、与他人交谈及向他人敞开心扉、解决冲突、提供情感支持的能力。意料之中的是，高自尊的被试者十分肯定地报告自己具有这样的品质。然而，他们室友的回答却称他们的人际交往能力只是一般水平（天晓得）。相似的研究也发现，高自尊的个体对自己的受欢迎程度更加自信，而低自尊的个体则认为他人很不喜欢自己。然而，往往无论是高自尊还是低自尊的个体，受他人喜爱的程度是相同的。只是低自尊的个体大大低估了他人对自己的认可，而高自尊的个体则大大高估了他人的赞扬。换言之，高自尊并不是与“是一个好人”相联系的，而是与“认为我是一个好人”相联系的。

我丈夫的爷爷罗比（Robbie）是一位富有的白人农场主，以强权的方式在津巴布韦经营自己的农场。他对自己评价极高，并且认为他人也是这样认为的。在一次去津巴布韦拜访罗比的时候，他的黑人男仆给我们倒茶。我记得罗比给我们讲了一个故事，是关于他的农场工人以及他们之间关系的。故事最后，罗比以一副留恋的表情对我们说：“你知道的，我觉得他们真的很喜欢我……”他真的不知道，或者至少他抑制住这种想法：工人对他俯首称臣不过是因为他们害怕失去工作。尽管他很孤单（由于他残暴的行为，家人都与他疏远了），但是至死他还坚信自己受人爱戴和尊敬。在一封有趣的书信后的附言中称，罗比的死很突然。就在罗伯特·穆加贝声明将接管津巴布韦所有白人农场后的几天，可能是因为失去了最重要的自尊来源，罗比也不想活下去了。

的确，高自尊至少有一个实质性的、十分重要的好处：快乐。当你喜欢自己，你就会快乐；当你不喜欢自己，你就会抑郁。这样的心理状态往往会给我们对生活的感觉涂上一层色彩。当我们坚信自己是最棒的时候，生活是美好的；否则，生活是令人生厌的。享受与经营美好生活的重要特征之一就是快乐，但以高自尊换取短暂的快乐则是毫无意义的。

自恋之池

自恋者具有极高的自尊，并且大多数时候都是十分开心的。当然，他们对自己的吸引力、竞争力、智力怀有膨胀的和不切实际的理解，并感觉自己有资格获得特别优待。

自恋（narcissism）一词因那喀索斯而得名，他是河神克菲索斯与女神利里俄珀之子。他爱上了自己在池中的倒影，无法从池边离开，最终憔悴而死。在现代心理学中，自恋往往通过被试者在自恋人格问卷上的得分来测量。该问卷包括一些题目，如“我认为我是一个特别的人”，“我喜欢照镜子”，“如果由我来统治世界，世界会变得更美好”。研究发现，在该问卷上得分高的被试者，对自己的生活也十分满意。谁会不喜欢看自己当主角的表演呢？

然而实际上，自恋者陷入了一个社会陷阱之中。尽管他们希望其个人的伟大可以得到认可和尊敬，获得友谊和支持，然而事实是，随着时间的流逝，自恋者总是被他人拒绝。起初，人们可能会被自恋者的自信和神气活现所吸引，但最终也会由于同样的原因而远离。许多人说，他们不喜欢那些高自恋特质的人，随后与其的关系也会土崩瓦解。当你的搭档是一个自大的人，想要他来理解或满足你的需要都是十分困难的。

许多人认为，在内心深处，自恋者是讨厌自己的，他们自大的外表不过是为了掩盖自身的不安全感。这一观点已经渗入美国的大众媒体之中。当讨论那些年轻明星，如林赛·罗韩（Lindsay Lohan）、帕里斯·希尔顿（Paris Hilton）的问题时，一位电视评论员说："在生活中，她们已经拥有了你想要拥有的一切，并最终能够在电视上出镜。但同时，她们内心有一个小小的声音在说'你还不够好，不够好'。"因此，提高自尊被假设为治疗自恋的方法。但研究发现，这一假设是错误的。科学家已经发现了一种评估无意识自我态度的方法，称为内隐联想测验（IAT）。它是以计算机操作为基础的测验，考察个体将"我"、"非我"与积极词汇（如，美好的）、消极词汇（如，可怕的）联系起来的速度。将"我"与积极词汇很快联系起来，但与消极词汇联系很慢的个体被认为拥有高内隐自尊；有相反的模式的就是低内隐自尊个体。这说明，无论在内隐层面还是外显层面，自恋者都认为自己是完美的。当帕里斯·希尔顿说"世界上没有人像我一样。我认为，每一个时代都有一个标志性的金发女郎——就像玛丽莲·梦露或是戴安娜王妃——而现在，我就是这个时代的偶像"时，她可能并非真如此，这源于在她内心深处的不安全感。当你想要告诉某个自恋者要更爱她自己时，这无异于火上浇油。

关于火的隐喻是十分恰当的。只要获得了他们自认为应该享有的关注和赞美，自恋者就会登上世界之巅。当他们的权威地位开始下滑，问题就出现了。当面对不好的评论时，自恋者往往会以愤怒和蔑视加以回应。

在一项经典研究中，研究者考察当自恋者的自我受到威胁时的行为表现。研究人员要求被试者写下一篇有关某项重大问题的文章，并由一位在隔壁房间的实验搭档阅读和评价（实验搭档实际上是不存在的）。被试者的文章会被随机分配一种由虚拟搭档做出的纸面评语，“这是我读过的最差劲的一篇文章了”或是“没有问题，文章太棒了”。随后，进行下一项任务：研究人员告诉被试者，他和搭档需要在解决一个简单问题后，尽可能快地按键。如果哪个人按键慢了，就会得到一声噪声，以帮助他们学习这项任务。当然，这项任务是实验人员暗中操纵的。研究人员告知被试者他是最快的，并请他为那位按键慢的搭档（即刚评价过被试者文章的搭档）设置噪声的水平和持续时间。接受贬损反馈的自恋被试者是最具攻击性的，他给搭档最长时间、最大强度的噪声，作为对搭档之前侮辱的反击。

当自恋者接受他人的贬低时，会快速而激烈甚至是暴力地加以反击。自恋式的愤怒对自恋者来说，起到极其重要的作用：它可以将消极注意由自我转移到他人身上，他人就会因为体验到的消极情绪而遭到指责。这一模式就可以解释为什么临床医生奥托·科恩伯格将学校枪击事件案犯的暴行比作“恶性自恋”。例如，埃里克·哈里斯和迪伦·克莱伯德是利隆比纳高中枪击案的两名案犯，他们以残暴的行为回应学校体育生的辱骂。但是在他们自我膨胀的思想中则认为，体育生得到了应有的报应。就在枪击案发生的前几天，埃里克和迪伦开心地告诉对方：“得到应有的尊敬，是多么有趣的事啊！”

如果你认识自恋的人，那么这样的模式对你来说并不陌生。自恋者对尊重的需要是一致的。因为自恋者常常试图抓住一种隐蔽的高自尊感，当他那珍贵的自我受到威胁时，愤怒的降临便是真实可见的。

我的朋友艾琳（Irene）曾经给我讲过一个女人的故事，在这个女人身上包含典型自恋者的全部特征。艾琳说，第一眼看过去，你永远不会猜到苏珊是一个自恋者：她体重超重，努力工作，没有十分丰富的社交生活。但是却有一项生活乐趣：帮助贫困儿童。她一年去第三世界国家至少两次，参加志愿活动，同时她也是一名高效的救援人员。

然而遗憾的是，艾琳意识到苏珊将志愿工作当作了获取优越感的途径。苏珊是第三世界国家儿童营养不良问题方面的顶级专家，而她自己很认同作为帮助者的身份——一位穿着闪亮铠甲、救助他人的骑士。她喜欢告诉别人她的毕生梦想是开设一间食品站，这样她就可以为营养不良的儿童提供全年的食品。当艾琳接到一份意料之外的财政支持后，她可以帮助苏珊实现梦想了。她决定在孟加拉国的农村建立一个非营利性质的食品站，并雇用苏珊做救助中心的经理。

然而，苏珊并没有对艾琳的帮助表示感谢，反而将矛头指向艾琳。她开始在背后说艾琳的坏话，向人们抱怨她不得不和这样一个愚蠢的女人一起工作。她说，为了孩子的利益，她愿意出任食品站的经理。但是却不得不在艾琳的监管之下，做着赎罪一样的工作。随后，苏珊开始散播诋毁艾琳人格的下流和肮脏的谣言。万幸的是，一位熟人告诉艾琳在食品站开办前一周发生的事情，而艾琳也及时切断了与苏珊的联系。

艾琳感到好像脸上被打了一巴掌一样。但是后来，她意识到苏珊的行为跟她倒没什么关系。苏珊把自己塑造成一位救世主，而当她发现自己处于接受帮助而并非给予帮助的位置上时，她的自我则承受不住了。她便把艾琳投射成魔鬼，来保持天使般的自我形象。可悲的是，慈善领域中的自恋比你想象的更为常见。但是，当慈善事业的驱力是来自对高自尊的追求时，即使是美丽外衣下的慈善行为，也不过是贫乏与贪婪的污点。

不加区分的赞美

尽管问题是与追求高自尊相联系的，但是，高自尊本身并不坏。显然，体验到价值感比无价值感更好。只是通向高自尊的路途既有健康的方式也有不健康的方式。拥有支持你的家人，依靠努力工作而实现有价值的目标，这都是实现高自尊的健康来源。提升自己而贬低他人则不太好。然而，考察自尊的多数研究并没有把健康的自尊与不健康的自尊区分开来。

测量自尊最常使用的工具是罗森伯格自尊量表（Rosenberg Self-Esteem Scale），量表中会问被试者一些十分普通的问题。例如，“我感觉我有许多优良品质”，“我对自己持有积极态度”。即使是切面包片，也认为自己切得最好的自恋者，在量表上得分很高；而谦卑的人喜欢自己仅因为得到了作为人类应有的尊重。简而言之，只有明确自尊的来源，才能区分开哪些高自尊是健康的哪些是不健康的。

许多旨在提高自尊的学校项目的问题在于，它们也无法区分开健康的和不健康的自尊。它们试图使用不加区分的赞美来提升儿童的自我形象，但却仅仅关注在儿童的自尊水平上，而非如何以及怎样达到这样的水平。所以，许多儿童开始坚信无论他们做什么，都值得赞美和钦佩。

珍·特温茨（Jean Twenge）在她那本极具吸引力的《唯我世代》（*Generation Me*）一书中描述了这一趋势。她指出，旨在提升学校儿童自尊的项目已经将自我膨胀到了令人作呕的程度。人们给孩子读的书，例如《自尊王国的可爱家族》（*The Lovables in the Kingdom of Self-Esteem*），在书中，孩子们学会当他们满怀骄傲地重复“我很可爱”三次时，就可以打开通往自尊之门。还有一些很有分量的书，如《成为赢家：一本自尊着色与活动手册》（*Be a Winner:A Self-Esteem Coloring and Activity Book*），帮助孩子们意识到自己有多么重要与特别。像“魔术圈”一样的游戏，每天指定一名儿童佩戴印有“我最棒”的徽章，其他同学则列出对该名儿童的赞扬话语。小学更是特别强调他们的职责是提升儿童的自尊，并为其今后生活中的成功与快乐做准备。出于这一原因，小学鼓励教师少做批评性的评论，因为这可能会伤害儿童的自尊。

一些学校甚至取消了F的等级类别，因为F代表“失败（fail）”。取而代之的是，他们采用E来代表表现不佳的作业。这可能是因为E只是位于D后的字母，而非一个带有评价性的字母［可能也包含着积极的含义，如“卓越（excellent）”］。然而，这种提升自尊的愿望却带来了严重的问题：分数膨胀。一项研究发现，在2004年，48%的高中生可以得到A的平均分，而在1968年比例则是18%。毫不意外地，美国学生认为自己是世界上最棒的、最聪明的学生。即使在各项学科测验上的得分都被其他国家的学生打败了，他们依旧坚信这点。我们也可能会把自己的名字改为美国的乌比冈湖。

虽然我们想要提升儿童自尊的动机是好的，也打破了过去教育中可能降低儿童自尊的不足，但是，不加区分的赞美会导致儿童无法正确认识自己，也限制了他们实现自己所有潜能的能力。

不惜任何代价地关注高自尊也会导致对日益增长的自恋的担忧。特温茨及其同事采用自恋人格问卷，在1987~2006年间对超过一万五千名大学生施测并记录下分数。结果发现，在二十年间，分数达到了顶峰，65%的现代学生在自恋分数上高于上一代。绝非偶然的是，同样的时间内，学生的自尊平均水平也得到了提高。

最近，特温茨与自恋方面的顶尖研究者基思·坎贝尔（Keith Campbell）合著了一部著作，名为《自恋的流行：活在权利的时代》（*The Narcissism*

Epidemic: Living in the Age of Entitlement）。此书的作者分析了美国在强调提升自尊的同时，是如何导致文化病的结果的。书中写道：

> 理解自恋的流行是很重要的，因为对社会来说，它长期流行的结果是具有破坏性的。美国文化强调自我赏识，这就导致了由现实向宏伟的空想的转变。我们有虚假的富人（抵押贷款与债务缠身）、虚假的美丽（整形术与化妆品的使用）、虚假的运动员（使用有助于提高运动成绩的药物）、虚假的明星（通过电视真人秀和视频网站）、虚假的天才学生（分数膨胀的结果）、虚假的国民经济（十一万亿的政府负债）、儿童虚假的独特感（关注于自尊的教养与教育）以及虚假的朋友（社交网络的爆炸式涌现）。所有这些幻想的确会让人感觉舒服，但遗憾的是，现实总是胜利的那一方。次级房贷和金融危机，正是膨胀的欲望最终导致毁灭性结果的实际证明。

由于教师和家长给了儿童太多无条件的赞扬，因此，一些人建议应该只在努力工作方面才给予孩子鼓励。这样，孩子就能够在得到应得鼓励的情况下，对自己感觉良好。人们会想，如果平庸之才也会得到一流的成绩，那么，还需要努力工作吗？微妙地根植于这一立场的观点是：当赞扬、批评与成功、失败联系在一起时，都是有效的驱动力，自我良好的感觉也会随之而来。然而可悲的是，有充分证据表明，有条件地使用自尊，即只让我们在成功时感觉良好，而在失败时感觉糟糕，就像把自尊建立在虚无缥缈的根基上一样，都是存在问题的。

视情况而异的自我价值

“视情况而异的自我价值”是心理学家用来指代取决于成功或失败、认可或反对而产生的自尊感的术语。其许多方面已经明确，如个人魅力、同伴认可、他人竞争、学业成就、家庭支持、感觉良好甚至是天主的爱。在不同领域的积极评价方面，自尊的程度是不同的。一些人会孤注一掷，只看重个人魅力，而其他人则努力使自己在各方面都很擅长。研究发现，当自我价值的总体感觉越是取决于特定生活领域的成功时，你在失败时就会越痛苦。

拥有了视情况而异的自尊就像蟾蜍先生的越野骑行一样，让你的心境能够由这一刻的兴高采烈转到下一刻的凄凉沮丧。比如说，你的自我价值感源于在市场工作方面的杰出表现。当你的月销售量仅仅为平均水平但依旧被任命为售货员，而摆脱了需要靠救济生活的命运时，你就会感觉自己像个国王。或者你可能想把自尊建立在他人喜爱的基础之上。当你获得了赞美，就感觉飘飘然；而有人忽视你甚至是批评你，你就会觉得十分沮丧和难过。

曾经，我有过同时体验极度的赞美和毁灭性的批评的真实经历。我和鲁伯特一起参观马术中心，一位上了年纪的西班牙马术教练很喜欢我的地中海式造型。他给了我至高无上的褒奖：“你真的十分漂亮，千万别刮胡子。”

我不知道是该笑、打他、羞愧地垂下头，还是说句谢谢。（我选择了第一项和最后一项，但是却仔细考虑了其余两项！）而鲁伯特已经笑到说不出一句话来。

很讽刺的是，人们在对自己更看重自尊的优势领域中，反而最容易失望而归。一名成绩全优的学生不能接受自己某科成绩低于A，而经常得D的学生一旦获得C便会十分高兴。爬得越高，就会摔得越狠。

而视情况而异的自尊还有另外一项坚不可摧的特点。开始时，自尊会让你感觉良好，因此，我们想要将这种赞美或胜利感一直保持下去。我们会在初始的快乐之后，继续追求这种感觉。但就像毒品或酒精一样，当我们产生了耐受性后，便需要摄取越来越多的量来使自己舒服。心理学家将这一过程称为“享乐跑步机”，就好比在跑步机上的人需要不断努力地奔跑才能使自己保持在同样的位置上。

在你所看重的、能给你带来自尊的领域不断证明自己的能力，也是一种回火现象。如果你想在马拉松比赛中获胜是为了良好的自我感觉，你对跑步本身的热爱会变成什么样呢？你并不是因为热爱这项运动而参加比赛，而是为了获得高自尊的奖励。这意味着，你一旦不再获胜，就有可能会放弃这项运动。就好像海豚钻火圈只是为了吃鱼一样。但是，一旦奖励不再，海豚就不会钻火圈，而你也会停止。

珍妮喜欢古典钢琴曲，并于四岁开始学习。钢琴是她生活中最大的乐趣，带给她无尽的安宁与美好。然而，当她还仅十几岁的时候，她的妈妈就开始让她参加各种钢琴比赛。突然间，弹钢琴变得与音乐无关了。能否在比赛中拿到第一、第二、第三名，才是她弹钢琴的动力所在。如果没有获得好的名次，她就会体验一种无价值感。她越努力练琴，比赛结果反而越不好，因为她过于关注比赛而非音乐本身了。当她进入大学后，珍妮放弃了钢琴，因为钢琴不能再给她带来快乐了。这样的例子在艺术家和运动员身上时有发生。一旦我们将自尊完全建立在结果上时，原本的快乐就变成了痛苦。

混乱的版图

作为人类，我们具有内省和构建自我概念的能力。我们对自己的看法和评价常常会令自己困惑：真实的我究竟是什么样的？就好像把塞尚的静物图中的一碗水果与真实的水果放在一起，我们很难区分出哪个是油画，哪个是真实的苹果、梨和橙子。当发现静物画中的水果是假的而不能吃的时候，我们就会很沮丧。当然，我们的自我概念并不是真实的自我。它仅仅是我们习惯性思维、情感和行为的代表性写照，有时是准确的，但多数时候是极不准确的。然而，自我概念是通过粗线条勾勒出来的，而真实的自我则是复杂、微妙而奇异的。

我们强烈希望将内心中的自画像描绘为一个积极的人，甚至把这当作一件生死攸关的事情。如果构建的自我画像是完美而有魅力的，那么，无意识想法也会这样出现：我是完美而有魅力的，因此，其他人也会接受我，而不会拒绝我。如果构建的自我画像是有瑕疵而不完美的，那么就会觉得：我是毫无价值的，会被别人抛弃和拒绝。在这些问题上，我们的想法非黑即白：或者全盘肯定（呼，松了一口气）或者全盘否定（现在就认输）。因此，任何能够对我们的自我写照构成威胁的事件，就像真实存在的、源于内心的威胁一样，而我们也会像保护自己珍贵的生命一样去捍卫它。

我们会牢牢把握自尊，就好像它是能够挽救生命的充气艇一样，至少它能支撑着我们如此渴求的自我的积极感觉。而结果却发现，这艘充气艇有一个正在漏气的洞，空气很快就要耗尽。然而事实是：有时，我们会表现出好的品质，有时，则是坏的品质；有时用的是有益的、有效的方式，而有时用的是有害的、适应不良的方式。但是，我们不会因为这些品质或行为而给自己下定义。我们是动态的，不是静止的；是一个流动的过程，不是固定的“东西”。我们的行为会随时间、环境和心境而发生变化。然而，我们常常忘记这点，而在不断追寻高自尊的路途上奔跑，试图找到一个写着“好”的标签的盒子把自己塞进去。

如果以牺牲自己来换取贪得无厌的自尊，那么，我们就是在用那些相机照出的毫无生气的相片来换取充满奇迹与神秘的现实生活。抛弃了经验的丰富多彩——痛苦的和欢乐的，愤怒和爱与激情，辉煌和灾难——我们以对自我价值极简单的评价来获取与总结人生经验。然而，从严格意义上来说，这些评价还只是想法，多数情况下还是不准确的。将自己看得太优秀，不仅不能加强与他人的联系，反而让我们与他人隔离开。反过来会带给我们孤立感、分离感和不安全感。所以，有人会问了，这值得吗？

自我关怀与自尊

如果不再用评价来定义自我价值，那么，对自己的积极感觉的来源就会完全不同吗？是来源于我们的心而不是我们的意识吗？

自我关怀并没有试图获取、定义自我的价值或实质。它既不是想法或标签，也不是评价或评判。相反，自我关怀是与“我们是谁”的奥秘相联系的途径。它并不将自我形象一直保持为完美无缺，而是尊重这一事实：所有人都是既有优点，也有缺点的。它让我们并不迷失在“我是好的还是坏的”的想法之中，而是要以静观对待此时此刻的体验，并意识到这是时刻变化的和暂时的。成功或是失败，来来去去，它们既不能为我们自身下定义，也不能决定我们的价值感。它们只是我们生命过程中的一部分而已。我们的意识可能要我们相信不是这样的，但我们的内心知道，我们真正的价值存在于能够感知的、有意识的生物体的核心体验中。

这就意味着，与自尊不同的是，由自我关怀带来的良好感觉并不取决于优越感和特别感，也不取决于理想目标的达成。相反，这种良好感觉源于对自己的关怀，尽管我们还是脆弱和不完美的。它能把我们从无休止的、与他人比较的游戏中抽离出来，在过程中体会与他人共享、结合、成为一个团体的感觉。即使我们把事情办砸了，自我关怀带来的良好感觉也不会随之消失。事实上，自我关怀恰恰在自尊使我们低落时——我们失败或是有不足感的时候——弥补了我们。当自尊那善变的幻想放弃我们的时候，自我关怀则在那里耐心地等待我们，给予我们满怀的拥抱。

当然，你可以提出质疑：那么，研究发现了什么结果呢？结论是，科学研究发现，自我关怀与高自尊具有同样的益处，二者并没有明显的界限。首先你需要了解的是，自尊与自我关怀相伴而行。如果你关怀自己而不是无休止地自我批评，你就更可能具有高自尊。与高自尊一样，自我关怀也显著地与较低的焦虑和抑郁水平，较多的快乐、乐观、积极情绪相联系。然而，相比于自尊，当事情出错或是自我受到威胁时，自我关怀的明显优势就体现出来了。

例如，在我和同事的一项研究中，我们要求大学生先填写测量自我关怀和自尊的问卷。然后，就到了最困难的部分：他们需要参加一项模拟面试，来考量他们的面试技巧。许多大学生对面试过程都感到十分紧张，尤其是想到他们即将要去应聘实际工作，就更加紧张了。作为实验的一部分，被试者需要对一些令人畏惧但却无法避免的面试问题作答。如，“请描述一下你最大的缺点”。之后，请被试者报告出他们感受到的焦虑程度。

被试者的自我关怀水平，而不是自尊水平，可以预测他们感到的焦虑程度。换言之，与缺乏自我关怀的被试者相比，自我关怀的被试者报告出更少的、有意识的焦虑。可能是因为，自我关怀的个体在承认和谈论自己的缺点时，感觉并不糟糕。相比而言，高自尊与低自尊的个体感受到的焦虑程度相近，而当讨论到自己的失败时，平衡就被打破了。有趣的是，当写下自己的缺点时，自我关怀的个体更少地使用单数第一人称代词，如“我”，反而是用复数的“我们”更多。他们也更多地提及朋友、家人和其他人。这说明，自我关怀固有的联系感，在抵御焦虑的过程中起到十分重要的作用。

在一项研究中被试者设想自己处于一种潜在的尴尬情境之中，例如：

参加一项重大的体育赛事，或是表演时忘词。如果这样的事情发生在被试者身上，他们会有什么感觉？自我关怀的被试者不太可能感到丢脸或是无能为力，也不会过多地指责自己。相反，他们会泰然自若地面对，认为"任何人都会出错"，"长远来看，这真的不算什么"。而对于高自尊的个体来说，情况有一些不同。不论是高自尊还是低自尊的个体都认为"我就是一个失败者"，"我真希望死了算了"。这再一次证明了，当无助时，高自尊似乎是无能为力的。

在另一项研究中，我们要求被试者录一盘录影带来介绍和描述自己。然后告诉被试者，他们的录影带会被拿给其他人评判，并针对被试者是否表现出热情、友好、聪明、可爱及成熟来给予反馈（当然，反馈是伪造的）。一半被试者得到积极的反馈，而另一半得到中立的反馈。结果发现，自我关怀的被试者不太考虑得到的反馈是积极的还是中立的。他们认为，不论反馈结果怎样，都是基于其自身人格做出的评价。然而，高自尊的个体在得到中立反馈后，则感到伤心（什么！我只是平均水平吗？）。他们也会更多地否认中立反馈的结果是基于其自身人格做出的评价（这当然是因为看我录影带的家伙是个傻瓜）。这说明，自我关怀的个体能够接受他人的评价，而不考虑赞扬的程度有多高。另一方面，只有当反馈是好的时候，高自尊者才能茁壮成长。而一旦面对关于自己的不愉快的事实时，高自尊者就会采取逃避的策略。

最近，我和我的同事鲁斯·冯克（Roos Vonk）以来自不同阶层的三千余名被试者为研究对象，来调查自我关怀和自尊的益处。这项调查也是目前为止该问题上最大型的一项研究。一方面，我们考察了随着时间的增长，被试者体验到的指向自我的积极情感的稳定性。这些情感会像悠悠球一样时高时低，还是一直保持相对稳定？我们假设：自尊与不稳定的自我价值感相联系，而当事情并不向我们渴望的方向发展时，自尊便会降低。另一方面，不论是良好时期还是低谷时期，自我关怀都能发挥作用。因此，我们预期，与自我关怀相联系的自我价值感，会随着时间的流逝而保持稳定。

为了验证这一观点，我们请被试者在八个月中共十二次报告他们对自己的感觉，例如，“此时，我感觉自己不如别人”或“我感觉很好”。

随后，我们计算了在这一时期内，可以预测自我价值感稳定性的自尊和自我关怀的整体水平。正如预期的一样，与自尊相比，自我关怀与自我价值感有更稳定、更持续的联系。我们还发现，自我关怀更少受特定结果的影响，如社会赞许、竞争成功、感到有魅力。当我们的自我价值感源于“作为人类应该得到尊重”，而不是依赖于理想目标是否达成。那么，我们的自我价值感就不太可能轻易动摇。

我们发现，与自尊相比，自我关怀与更少的社会比较、更少的睚眦必报相联系，同样与较少的认知闭合需求相联系。认知闭合需求是心理学上的术语，指为特定问题找到确定答案，结束模糊的状况。当人们将自我价值建立在优越感和永无过失之上后，一旦地位受到威胁，便会表现出愤怒和抵抗。然而，那些以关怀之心接受自己不完美的人，则不必以这些并不健康的行为来保护自我。事实上，本研究一个惊人的发现是：高自尊的个体比低自尊的个体更加自恋。此外，自我关怀与自恋几乎没有关系（并没有出现负相关的原因是，缺乏自我关怀的个体也不会表现出自恋）。

练习一
找出骗子

A. 列出对你的自尊影响较大的十个方面——这些事情可能让你自我感觉良好，也可能感觉很糟糕（工作表现、作为父母的角色、体重，等等）。

1.

2.

3.

4.

5.

6.

7.

8.

9.

10.

B. 问自己如下几个问题，考虑一下，你的答案是否会因你的想法不同而改变。自尊的骗子是否会引你走上歧途?

1. 我想要比他人更好吗？还是感到与他人联系在一起?
2. 我的价值感源于自我的认同还是作为人类的身份?
3. 我想要完美还是健康?

摆脱自我

有人可能会说，当你拥有了自我关怀，即使自我并没有完全离开，它也会从前景转移到背景上去。不再将自己评价为孤立的个体，而是将自己看作整体的一部分。将个体视为独特自我的观点是一个错觉。只有当我们相信自己是“独特的存在”时，自尊的问题才会发生。当然，每个人都想体验到那种源于对自己良好感觉的快乐，这种快乐是与生俱来的。但是，真正的、持久的快乐是生命中最好的体验，是来源于与他人的联系而非孤立存在。

当我们通过自我来过滤经验时，试图不断保持与提升高自尊，我们反而会拒绝那些我们最想要的东西。要认可我们是整体不可分割的一部分，而整体比我们自己要大得多，它无边无际，自由自在。

8 动机与个人成长

奇怪而又矛盾的是，
我接受了现在的自己，
而我又可以改变。

——卡尔·罗杰斯（Carl Rogers）
《论人的成长》（*On Becoming a Person*）

两名歹徒坐在酒吧里，一个歹徒对另一个说："你最近见过比利小子吗？"

"嗯，前几天还和他一起共进午餐了。"

"哦？"

"是啊，当时我正骑着马过桥，准备进城。而比利就在那儿，用枪指着我。他说：'下马！'"

"我能怎么办？他有枪啊！所以我就下马了。比利指着一堆马粪对我说：'看见这些马粪了吗？吃下去！'我能怎么办？他有枪啊！所以我就吃了。比利就开始哈哈大笑，笑得连枪都没拿住。我趁势把枪夺了过来，然后对他说：'嘿，比利！现在枪在我手里。看见这些马粪了吗？吃下去！'"

"他能怎么办？我有枪啊！所以他就吃了。就像我说的，我们共进午餐了。"

这个笑话（当然是杜撰的）强调出这样一个众所周知的观点：我们要用枪指着别人的头，才能让他们做不情愿的事——尤其是当这里的“别人”就是我们自己的时候。

人们不会关怀自己，首要的原因是对懒惰和自我放纵的惧怕。就像谚语说的一样，“不打不成器”。它告诉我们，只有严厉的惩罚才能防止懒惰的发生。如今，在家庭和学校中的肉体惩罚已不多见，但我们还对自己坚持这一方法，并坚信：自我惩罚（即使只在精神上）是有用和有效的。这是古老的胡萝卜加大棒的方法：自我批判是大棒而自尊是胡萝卜。如果你做了他人期望你做、而你自己却不想做的事情，那么，你就会避免受到自我批评的伤害，而会感觉更好。

我的一名本科生霍莉就是这种情况。她十分确信应该严格要求自己，这样才能成为理想中的自己。霍莉生于得克萨斯州的一个保守家庭，家人对她怀有极高的期望。她觉得，仅仅顺利毕业是不够的，她还要获得MBA学位。她的父母只有高中学历，因此，他们将希望与梦想完全寄托在霍莉身上。她向自己不断施压的方法是：时刻地自我批评。如果在考试中没有到达预期的标准，她就会不断地用言语鞭策自己，“你怎么这么笨！如果再这样糟糕下去，你就不能读研了”，等等。她以这样的方式换取的回报是自豪与骄傲。霍莉希望她的父母能以她为荣，她也希望能以自己为荣。她坚信，能使她实现目标的唯一方法就是冷酷无情的自我批评。

令人沮丧的鞭打

首先，考虑一下由自我批评产生的心理状态。当听到“你懒惰，一无是处。我讨厌你”这样的话时，你的心情如何？受激励、受鼓舞，准备挑战世界或获得冠军？

激励他人，尤其是儿童，是比较容易的。设想一下，你十岁的女儿回到家，告诉你她没有通过考试。你要如何鼓励她来让她养成良好的学习习惯，以便可以在下一次考试中获得好成绩？你应该严厉批评她吗？骂她真没用，罚她不许吃晚饭就去睡觉？当然不能这样。这样严厉的批评只会在情感上令孩子更难尽力学习。然而可悲的是，许多家长都采取这样的方法，但结果却很不理想。更有效的方法应该是：使她重新恢复信心，告诉她我们仍然爱她。坚定并慈爱地鼓励她使用新的学习方法，使她确信下次可以做得更好。

我们都知道，积极和鼓励的信息可以产生有助于努力工作、实现个人最大潜能的心理状态。我们需要冷静、平和以及自信来使自己做到最好。这就是为什么当我们鼓励心爱的人时，会努力让他们知道，我们信任他们，他们有我们的忠诚、感情和支持陪伴。但不知为什么，我们在对待自己时，往往采取相反的方法。

研究动机领域的专家都获得了一致的结果：我们的自信水平对实现目标的能力有着神奇的影响。许多研究都发现，我们对自己能力的信念，即心理学家班杜拉所称的自我效能感信念，与实现梦想的能力有直接关系。（自我效能感是人们对能否完成某一行为的推测和判断。）

例如，一项研究追踪了一个摔跤赛季中的两百余名高中生摔跤选手。结果发现，不考虑他们之前的成功，具有高自我效能感信念的选手比那些怀疑自己的选手赢得了更多的比赛。尤其是在高压力的加时赛阶段，这种结果就更为明显。加时赛的规则是“突然死亡法”或“一分定胜负”，即第一个得分的选手获胜。这是很困难的一幕，因为比赛双方都已经筋疲力尽，此时的比赛更应该说是体力上的角逐。在这种条件下，能预测胜败的唯一因素是选手对自己能力的信念。

因为自我批评会破坏自我效能感信念，它只会损害而非帮助我们全力发挥能力。不断地贬低自己，我们最终会对自己失去信心，这就意味着我们将不能达到本可以达到的高度。自我批评同样也与抑郁有着密切的关系，抑郁的心理状态无益于进取精神的发挥。

当然，自我批评作为动机时，在一定程度上是有效的。否则，不会有那么多人这样做。但如果自我批评果真起效，那只有一个原因，就是恐惧。因为当失败时，强烈责怪自己会令人十分不快，我们会受到远离自我批判的愿望的驱使。就像把头放在钟上，不断地提醒我们最坏的结果。强烈的自我批评会防止我们骄傲自满。

这种方法在一定程度上是有效的，然而，它却有一些致命的缺陷。将恐惧作为动机最大的问题之一是，焦虑本身会破坏行为表现。无论是演讲焦虑、考试焦虑、文思枯竭还是登台怯场，我们对他人做出的负面评价的恐惧反而会使行为表现更糟糕。焦虑会把人从手边的任务上抽离出来，进而干扰做出最佳表现的能力。

自我批评不仅会产生焦虑，还会造成心理欺骗。即当我们失败时，心理上的欺骗会阻止我们进行自我指责，而这反过来却会令失败更常发生。通过为失败提出貌似合理的理由来干扰行为表现的方式，被称为自我妨碍。最常见的自我妨碍形式是不努力。如果在社区网球比赛前没有努力练球，结果比赛失败了，我就会责备自己没有练习而不会责备自己是一个很差劲的网球选手。另一种常见的形式是拖延。如果直到最后一分钟，我才开始准备分配给自己的任务，那么，我就会将自己的失败归因为缺乏准备而并非能力不足。

研究发现，采取自我妨碍策略会导致自我批评者难以实现目标。例如，在一项研究中，研究人员要求大学生描述自己的学业、社交以及健康目标，并报告出为了这些目标所做出的努力。与其他人相比，自我批评者目标的进展明显更少，并报告称自我妨碍比平时更频繁了。因此，自我批评并不是有效的动机，而是阻止前进的绊脚石。

吉姆是我见过的所有自我妨碍者中，最严重的一位。他做的每一件事都是在最后时刻完成的。当觉得以自己的能力无法完成一项重要工作时，他便会实行自我妨碍策略，以便他把事情弄糟时，还能给自己找到一个合适的借口，“我没时间做了”。例如，他为了申请读研而准备GRE考试时，他在考试前几天才开始学习。分数虽然还勉强可以，但并不令人十分满意。他对我说：“想想我几乎都没有学习，得到这样的分数也还可以了。”参加社会实习时，直到最后一刻钟，他才发出简历。毫无疑问，他获得的实习岗位是所有人都不想去的那个。他的回答是什么？他说：“在我发送简历的过程中，许多岗位都招满了。但是，至少我是有岗位的。”

然而，最糟糕的事发生在他结婚的那一天。吉姆的未婚妻内奥米独自一个人在婚礼全程为每一个细节都做了精心准备，并一切力求完美。当她还是个孩子的时候，就希望自己的婚礼能在这座美丽的19世纪教堂中举办，并邀请所有家人参加。她还为自己的伴娘、吉姆、吉姆的伴郎都挑选了合适的礼服。她让吉姆做的唯一一件事是买一双黑色礼服鞋来搭配他的礼服。婚礼是在周日中午举行，所以，吉姆觉得早上九点赶到商场正合适。他还有足够多的时间来买鞋，并在十一点到达教堂。

然而，他忘了一件事：每周日，商场直到中午才开门营业。而在附近，没有一家鞋店在中午之前营业。吉姆没有礼服鞋，他只有两双高帮运动鞋和一双很脏的皮凉鞋。他感到糟糕透了。但幸运的是，他记得当地的一元店是在上午十点开始营业，而那儿也卖鞋，他可以在那儿选一双鞋。然而，店里的黑色鞋都是廉价的修改款，但总比没有好啊。直到吉姆走上侧廊，内奥米才看见他的皮鞋。虽然她的脸上也有震惊和惊恐，但她马上决定忽视这一问题，而将重心放在更重要的事情上：婚礼誓言。随后在接待处，我看见他们的交流似乎很不顺畅。我试着不去偷听他们的谈话（好吧，我是偷听到一些），但还是听见吉姆说：“考虑到我没时间去买鞋，这双鞋已经很不错了，而且穿着很舒服……”

尽管吉姆一次次地在最后一刻钟脱离险境，并找到各种借口使自己免于自我批评，但他从未发挥过全部潜能。如果他能早些准备GRE考试，也许，他能进入更好的研究生院深造，并发挥他的能力。如果他尽早发出简历，也许，他能获得一份更好的实习岗位，使他体验社会工作的乐趣。如果他能提早一天去商场买鞋，也许，就能避免在结婚当天与新婚妻子的争吵。如果他能接受“尽力了，但仍可能失败”这一事实，他就不会在失败时为了保全自我而使用自我妨碍策略。当你没有全力以赴时，失败就是在所难免的了。

因为你关心

为什么自我关怀是更为有效的动机，而自我批评不是呢？因为自我关怀的驱力是爱而非恐惧。爱能让我们感觉到自信和安全（部分原因是因为产生了催产素），而恐惧则会让我们没有安全感和紧张兮兮（使杏仁核超负荷运作并产生大量的皮质醇）。当我们相信自己在失败时会得到理解和关怀，就不会产生不必要的压力和焦虑。我们会放松地知道，无论自己表现是好还是坏，都会得到无条件接纳。但是如果这是真的，我们为什么还要努力工作呢？为什么不整天无所事事地吃比萨、看电视呢？

许多人认为，自我关怀不过是能让人感觉舒服的温暖毛球，是一种宠爱自己的方式，不过如此。然而，这样表面的优待却不能帮助人成长和康复。自我批评是问你是否足够好，而自我关怀则问怎么样对待你才叫好。自我关怀深入到深层的、对健康和快乐的渴望。如果你关怀自己，你就会做任何能让你学习和成长的事情。你就会想要改变那些无用的行为模式，即使那意味着你要放弃一些长久以来喜欢的特定东西。就是因为孩子们喜爱糖果，关心子女的父母才不会一直给孩子糖果。迁就孩子的每一个怪念头，那不是成功的教养方式。要把孩子培养成为我们想要的样子，就要学会说不。

同样，自我关怀包含着深层评价自己的方式，为实现长期的幸福做出选择。自我关怀是要治愈功能紊乱，而不是将其保持下去。当然，偶尔地迷恋自己是正常的。有时，吃一块柠檬味的奶油蛋糕是关怀自己。而过度关怀（吃下整个蛋糕）则会让人感觉糟糕。起反作用的原因是，它阻止了我们得到真正想要的东西：实现最大潜能。

佛教中将自我关怀的动机品质称为“正精进”。从这一观点来看，与之相反的错误的努力源于关注自我、证明自己以及控制感。实际上，这种努力反而增加了痛苦，因为它会让你感到孤独，与他人分隔开，并设立预期：所有事情都应该如我所愿。另一方面，正精进则源于对治愈痛苦的自然愿望。正如佛教所言：“就像感觉头发着了火一样。”当看见头发冒烟，我们会马上受到刺激而抓住一条湿毛巾或跳入水中。这是因为想要解决问题并摆脱被火烧的险境，而非源于为了证明自己的渴望（看看我头上的火烧得多旺）。同样，自我关怀让你做出的努力并不是自我中心诱导的结果，而是对摆脱痛苦的自然渴望。

如果想要成功，我们需要直面伤害自己的手段，明确使一切变好的方法。但我们不必在过程中残忍地对待自己。我们可以善待自己，支持自己。我们还要意识到，生活是艰辛的，挑战是人类经历的一部分。幸运的是，善良与鼓励让我们感觉舒服，也帮助我们咽下苦药。

练习一
明确我们究竟想要什么

1. 想一想你把自我批评视为动机的方式。是否批评过自己的人格特质（喜怒无常、懒惰、超重，等等），因为你觉得残酷地对待自己会帮助你改变？如果答案是肯定的，那么，首先尝试唤起那些造成自我批评的情感创伤，并关怀自己。

2. 其次，想一想，是否能够找到一种更具仁慈、关爱的方式来激励自己。关心你的朋友、父母、老师曾经用过哪些话语来指出你的缺点与不足，但同时鼓励你做出改变？哪些是在本质上希望你能够健康和幸福的？

3. 每一次，想到那些别人说你有，而你并不想具备的特质，你首先要做的是，注意到自我批判的痛苦，并关怀自己。然后重构内部语言，这样你就拥有了更多鼓励和支持的声音。记住，如果你真的想激励自己，爱比恐惧更有力量。

自我关怀、学习与个人成长

许多人不敢关怀自己的原因是，一旦怜悯自己，就会缺乏斗志。研究发现的结果却不是这样的。例如，在一项研究中，我们想要考察被试者没有达到自己的标准时的应对方式以及他们最初的标准。结果发现，自我关怀的被试者与缺乏自我关怀的被试者一样，都会为自己设立高标准。而一旦没有达到标准时，自我关怀的被试者则不太可能严厉对待自己。我们还发现，自我关怀的被试者更加关注个人成长，会为了实现目标而做出规划，以使他们的生活更为平衡。自我关怀不会降低你的生活目标，但会在你无法实现它时，减缓你反应的激烈程度。实际上，这是最终帮助你实现目标的方式。

实现潜能的能力，一部分取决于动力的来源。它是内在的还是外在的？内部动力是指我们做某件事是因为我们想要学习、成长，或是因为这件事本身十分有趣。外部动力是指我们做某件事是为了获得奖励或避免惩罚。

《心态》一书的作者，心理学家卡罗·德维克将人们想要实现目标的两个主要原因区分开。拥有学习目标的个体，受内在的好奇心和发展新技能的渴望而驱使。他们想要实现目标的原因是，他们想获取知识。最重要的是，他们将犯错视为学习过程中不可缺少的一部分。另一方面，拥有表现目标的个体，受外在的防御或提升自尊而驱使。他们想要表现得好并不计一切代价避免失败，这样他们就能得到他人的赞扬。这意味着，他们会选择走一条安全的路，而不会去挑战自己。你知道这种类型的人，他们只想要获得A，而并不关心在这一过程中学到多少知识。研究发现，长久来看，学习目标比表现目标更有效。学习目标驱使个体为长久目标努力，因为他们享受过程。同时，也会促使个体寻求帮助和指导，因为他们不会担心由于自己不知道正确答案而被别人瞧不起。

以凯特和丹妮尔为例，和其他年轻女孩子一样，这对双胞胎姐妹也喜欢小动物，她们把许多狮子、斑马、犀牛、长颈鹿等异国动物的图片挂在床头。她们曾经梦想着有一天能成为动物饲养员。后来，她们就读于当地同一所大学，并在三年级时一起选修了动物学课程。课程内容十分难，她们都没能通过第一次考试。丹妮尔一直认为自己是一个好学生，她不能忍受自己没有通过考试。所以，她退出了课程的学习。而凯特则并不关心是否通过考试，她想学习动物学，这才是最重要的。每周的助教与学生的面谈时间，她都会去，并最终在考试中得到了B的成绩。大学毕业后，丹妮尔在一家大型公司获得了初级管理者的职位。这一职位薪水很丰厚，她向她的朋友说，自己在几个月后就能买得起一辆新车。这项工作相对简单而有保障，只是十分无趣。凯特做侍应生攒了足够多的钱后，就去了博茨瓦纳。在那儿的一个月里，是她一生中最美好的时光。在完成了低酬劳的实习阶段后，她希望有一天也能建立起自己的狩猎产业。而最终她做到了。丹妮尔和凯特都很聪明，也很努力。但是，只有凯特挑战自己，并完成了毕生的梦想。

你可能会怀疑，而我们的研究发现，自我关怀的个体更有可能拥有学习目标而非表现目标。因为他们的动力源于对学习和成长的渴望，而非摆脱自我批评。他们更愿意接受学习挑战，这主要是因为他们不太惧怕失败。以一些刚刚在期中考试中失败的大学生为例，我们发现，自我关怀的学生更容易将失败重新解释为一次成长机会，而非对自我价值的否定。当你坚信失败应该得到理解而不是评价时，那么，失败就不再是壁橱里潜伏的恶魔了。相反，失败应该是你的指导教师。

研究同样发现，失败不会损害自我关怀者的全部自我效能感。因为跌倒时，他们不会严厉对待自己，而是对自己重新站起来怀有足够的自信，并愿意再次尝试。最近的一项研究发现，当迫使自我关怀者放弃对他们很重要的目标时，他们会转向一个新的、不同的目标。而另一方面，自我批评者更可能会认输。研究还发现，与缺乏自我关怀的个体相比，自我关怀者更少进行自我妨碍。这个结果有一部分是因为他们不会担心他人对自己表现的评价，因此就不会为失败寻求合理的借口。

所以，自我关怀不是导致自满与惰性的原因。恰恰相反。丢掉对失败的恐惧，我们才能够挑战自己。同时，承认自身的不足，能够让我们更好地认清哪些是正确的目标，哪些不是，并适时采取行动。与自我放纵不同的是，自我关怀与真正的成就是携手相伴的。自我关怀激励我们追寻梦想并产生勇敢、自信、好奇与富有弹性的心态，以帮助我们获得真正的成功。

练习二
自我关怀与拖延

我们会因为不同原因而拖延。有时，只是不想做一项令人不快的工作；有时，则是因为害怕失败。幸运的是，自我关怀能帮助我们解决拖延的问题，而不使之成为阻碍。

令人不快的工作

推迟令人不快的工作十分常见，就像做纳税的账目或详细记录令人厌烦的工作笔记。有时工作也并不十分令人讨厌，如把衣服送去洗衣店，但我们就是懒得动。想要放松、避免不快，这是十分自然而正常的。推迟这些工作也不会产生很大的问题，除非它们给你带来了很大的生活压力。如果你发现自己在面对不想做的任务时会习惯性拖延，那么就能找到潜在的情绪原因。我们总会避免想起那些令人不快的工作，因为它们会让我们不舒服。而另一种方法是对自己的不快与回避施以足够的关怀。当你想到这项令人不快的工作时，使自己完全投入这种惧怕感或冷漠感。你能感到体内的情绪吗？以无偏见的、静观的意识关注它。意识到这是痛苦的时刻。我们所有的情绪都应该被感知和验证。一旦你给自己舒适感，那么，你会发现自己不再拒绝开始工作了。

惧怕失败

有时，隐藏在习惯性拖延下的情绪问题更深。如果这是一项十分重要的工作，比如开始一个大项目，我们常常会惧怕失败。当我们想到承担大项目时，恐惧感便会出现；当我们想到可能会搞砸时，无价值感就会出现。当我们不想经历不愉快的情绪时，拖延是一个很常见的解决方式。有时，无意识会出来妨碍我们。这样，即使失败，我们也就只会抱怨时间不够，而不会因为埋怨自己而产生无价值感。如果这一模式已经习惯化，那么就会限制你实现全部潜能的可能。

如果你已经怀疑自己的拖延是由于惧怕失败，那么，这就是重新回顾本书中已经讨论过的问题的好时机。记住，人们都会失败，这是很正常的。每一次失败都是绝佳的学习机会。向自己承诺：如果失败，你会宽容、温和并满怀理解地对待自己，而不是严厉地自我批评。安抚那个你内心中的小人儿，向他保证，你会一直支持他。然后，做一下尝试。从经验而知，解决困难工作最糟糕的是放弃开始的勇气。

寻找真正的快乐

相比于自我批评，由自我关怀而产生的梦想指向真正的快乐。我们的研究发现，自我关怀者在生活中更加真诚、独立自主，而缺乏自我关怀的个体则更为墨守成规，因为他们惧怕社会评价与社会拒绝。真诚与独立自主，是产生真正快乐的决定因素。因为如果缺乏它们，生活只是单调地重复，毫无生气。

本章前面提及的那个大学生霍莉也选修了本门课程。在学习了我讲授的一堂课之后，她了解了自我关怀的概念。而后，她开始意识到自我批评只会对自己造成伤害。她最近正遭受着偏头痛的折磨，医生告诉她，她的病是压力，确切来说是自我造成的压力导致的。她的病很严重，已经影响到正常的学习。她应该学会改变了。所以，霍莉试着稍稍关怀自己。她在手机上设定了闹钟，每隔一段时间就会响铃提示。当铃声响起时，她就会问自己：现在，我能做的最健康、最具自我关怀性的事情是什么？（正如你所看到的，霍莉做每件事都是循规蹈矩的！）

大约一个月后，我们见面讨论了她的实验进展。她说，令她吃惊的是，通过自我关怀的练习，她并没有在学习时间或努力程度上有任何减少。事实上，当她停下来问自己那个问题时，答案依旧围绕在学习任务上。然而，如果前一天晚上熬夜学习，第二天她就会小憩一会儿，以便更好地进入下一阶段的学习。当遇到困难或是思维停滞不前的时候，她也会尝试用更为温和、支持性的语言来对待自己。这似乎能更快地把她从困难中解救出来。现在，当写论文遇到困难时，她会去教授办公室，向导师寻求帮助。她说，之前她肯定不会这样做，因为担心这会令自己看起来很愚蠢。而现在，她意识到人类都是需要帮助的，最终，她也提交了一篇完美的论文。

大约一年后，霍莉来办公室见我，并请我帮她写一份研究生推荐信。霍莉本科是读工商管理的，并一直在为MBA做准备，这也是她父母所期望的。然而，最终她却选择在研究生阶段学习特殊教育。她曾经在当地一家非营利机构中做过志愿者，并与残疾儿童一起工作。正因如此，她才明白自己真正想做的是什么。志愿者的那段时光，是她最开心的日子。她也希望通过自己的专业知识，帮助世界变得大不一样。尽管父母反对她的决定，但是，霍莉希望自己生活快乐，做一些能实现梦想的事情。最终霍莉取得了特殊教育的硕士学位，并成为当地一所小学的特殊教育教师。自我关怀能帮助我们做出坚定的选择，这些正确的选择应该出于正确的原因，那就是追随自己内心的愿望。

自我关怀与身体

对自我关怀与动机的讨论大多局限在学习领域，可能是因为我是大学教授，我每天都要面对这样的问题。然而，自我关怀在许多领域中都是十分有效的激励物。其中一个领域就是接纳我们的身体。我们盯着杂志封面那些骨感的、在做有氧操的模特儿，觉得自己的身材不够标准。即使是封面女郎也会认为自己的身材不够好，因为有些图片是通过技术手段润色过的。

我们的社会赋予美丽以过多的权重，这也就不奇怪为什么是否具有吸引力成为人们自我价值感高低的重要标准。这一现象在两性中都适用，在女性身上更为明显。如果你想要了解为什么少女常常存在自卑问题，那么唯一需要考虑的就是她们感知到的吸引力。研究发现，由儿童至青春期阶段，男生对自身吸引力的感知基本保持稳定：三年级——看起来不错；七年级——看起来不错；十一年级——看起来不错。而女生的则会随着年龄的增长而出现波动：三年级——看起来不错；七年级——不太确定；十一年级——我真丑！出了什么问题？男孩子真的比女孩子有吸引力吗？我想不是。

问题在于，女性对美丽的标准要远远高于男性，尤其是在体重问题上。女性希望自己能十分苗条而且曲线优美，但这很难实现，除非是通过整形手术以及不断的节食。我们会觉得，只有富人和明星才会坚持这一不切实际的目标。正如笑话讲的那样："一个乞丐向一名正在罗迪欧大道上购物的衣着光鲜的女人走去，并对她说'我已经四天没吃东西了'。她看了一眼乞丐，说：'上帝啊，我真希望有你这样的意志力。'"研究发现，事实上，五分之四的美国女性对自己的身材并不满意，超过半数的人会不时减肥。一年级至三年级的少女中，超过50%的人希望自己更瘦。十八岁以下的少女中，80%的人报告称会减肥。

然而，过度沉迷于减肥会导致饮食障碍，如厌食症或食欲亢进。厌食症是饮食过少，接近饥饿状态。食欲亢进则是反复出现过量进食现象，随后为了不让体重增加而催吐、滥用泻药、过度运动。尽管文化十分强调苗条和节食，但是，最常见的进食障碍却是暴食症，即人们在吃饱之后还会过度进食，而且随后也不采用泻药等手段处理。

心理学家一致认为，个体在暴食时，通常是为了满足内在的情绪饥饿。饱食感会麻木痛苦。这是一种用食物治疗自己的方式。沉溺于食物的愉悦感是能让你开心的最简单的办法，至少在短期内能令你快乐。而长期暴食的影响则并不愉悦。三分之一的美国民众被划分为肥胖等级，据估计，美国大约一半的肥胖人士患有暴食障碍。这就引发了美国社会的主要健康问题，并且每年需要花费医疗系统数以亿计的资金。更不必说肥胖患者体验到的情感创伤和自我厌恶。患有暴食障碍的个体陷入一种恶性循环之中：抑郁导致暴食，进而肥胖，而肥胖则会加重抑郁。

那么，为什么大家都在节食减肥，而超重的人还这么多呢？因为我们都知道，节食是没用的。人们开始减肥，是因为他们觉得自己看起来不够美，但一旦开始打破原有的饮食规律，反而会比之前增加更多的体重。例如，在聚会中吃多以后，内心会出现这样的声音：我竟然吃了这么多！我真讨厌我自己。当然，这样批评自己可能会让你吃得更多，因为吃会让你感觉舒服。这是一个停不下来的恶性循环，也是减肥的悠悠球模式如此常见的原因。

然而，自我关怀会以另一种方式回应饮食规律变化。首先，自我关怀包含原谅自己的过失。如果你的最终目标是身体健康，那么体重的变化也不会有很大问题。我们并不是机器，并不能精确地减少能量摄入。多数人会在饮食目标上出现波动。进两步，退一步，这似乎是事物自然的发展方式。当你能够以关怀自己的方式来应对饮食规律的变化，那么随后，你就不太可能用暴食来使自己感觉良好了。

一项最近的研究支持这一观点。在研究中，女性大学生被要求吃炸面圈。研究人员告诉被试者，他们想要考察个体看电视时的饮食习惯。吃过炸面圈后，一半的被试者接受了自我关怀的指导，研究人员告诉她们：“有人告诉我说，吃炸面圈让她感觉难受，所以我希望你不要苛刻地对待自己。每个人都会吃些不健康食品，实验中的每个人都吃了炸面圈。所以，我并不觉得吃下去真的有那么难受。”另一半的控制组被试者没有得到任何指导。结果发现，控制组中正在节食的女性被试者吃过炸面圈后，更多地表现出内疚与羞愧。随后，当允许她们可以随意吃糖果时，她们反而比不节食的女性吃了更多糖果。而给予了自我关怀指导的正在节食的被试者，则更少表现出焦虑不安。即使允许她们随意吃糖果，她们也不会暴食。这就说明，能自我关怀的减肥人士有时也会出现旧瘾复发现象，但她们能更好地坚持自己的减肥目标。

锻炼也是保持身体健康的重要方式，研究发现，自我关怀的个体锻炼身体的理由更正向。例如，自我关怀的女性锻炼身体是因为怀有内部动力而不是外部动力。这说明，她们参加体育锻炼是因为锻炼本身是满足的、值得的。研究也发现，自我关怀的个体对自己的身体也更加满意，不会沉迷于外表形象之中。他们并不担心自己在他人眼中形象如何。

奥普拉的减肥问题一度成为媒体极度关注的焦点，她就是以关怀的方式对待身体问题的绝佳例子。在1988年的一期节目中，她推出来一个装满肥肉的货车，以代表她减掉的三十千克体重。不过很快她又重新恢复了体重。通过长期节食和体育锻炼，她在2005年再一次减肥成功。而最终，她又增加了一些体重。尽管体重增增减减，奥普拉仍旧坚信最重要的是："我的目标不是变瘦，而是强壮而健康。我的目标是学会欣然接受自己的身体，并感恩我已有的一切。"

当你不再需要为了有良好的感觉而保持完美，你就能放下自己还不够瘦、不够美的信念而接纳自己。接纳自己可以帮助你认清什么才是最重要的：健康，才能让你看起来不错。

练习三
自我关怀与身体

关怀自己身体的不完美，是对文化中崇尚身体吸引力的主流观念的极大挑战。我们要爱与接受现在的外表，而不要与媒体上宣传的那些不切实际的美丽形象做比较。与此同时，很多人都不关心自己的身体。生活的压力让我们暴饮暴食，缺乏锻炼与户外活动。中庸的办法是，接纳自己的不完美，意识到任何身材与体形都可以是美丽的，同时关心自己的健康与幸福。

1.拿出一支笔和一张纸，对自己的身材做出满怀善意与诚实的评价。先列出你喜欢的自己的身材特点。可能你有浓密的头发、可爱的笑容。别忽略那些不起眼的特征：强有力的双手、消化功能极强的肠胃，等等。请满怀欣赏地对待自己喜欢的身体特征。

2.再列出你对自己不满意的所有身体特征。你可能皮肤有些斑点或是臀部肥胖，身材不好或是容易疲劳。意识到自己是不可能十全十美的，并给自己足够的关怀和怜悯。每个人都有对自己不满意的地方，没有人能够达到梦想中的身材。同时，确保你对自己做出了正确的评价。白头发真是很严重的问题吗？那增加的五千克肉，与健康和快乐相比，真的那么重要吗？不要贬低这些问题的重要性，但同时也不要夸大它们。

3.现在，对自身存在的不完美给予关怀。记住你这是在顶着多么巨大的社会压力。当你对自己的身材不满意时，试着以善良、支持和理解的态度对待自己。

4.最后，想想看，还有没有哪些办法能让你对自己身材的感觉变好呢？忘掉他人会怎么想，当你开始关心自己，会有什么变化呢？如果你减肥、参加锻炼或是染发，你会感觉好些吗？如果答案是肯定的，那么，去做吧！用善意而不是自我批评来激励自己。记住，最重要的是让自己快乐和健康。

自我澄清与自我提升

自我关怀不仅能提供做出改变的动力，还能明确需要在哪些方面先做出改变。研究发现，羞愧和自我批判的个体会倾向于因为他人的道德错误而指责他人。当面对受到自我批评的可能时，谁会承认自己的不足呢？最简单的办法是，掩盖一切或是将矛头指向他人。

我们文化中理想的男子汉是强壮而永远正确的，因此，男人更容易受这种模式的影响。当面对自己的不足时，男人常常会用愤怒作为回应。愤怒能让男人感到暂时的坚强有力，从而掩盖由于失败而产生的不足感。指责他人，也能让他感觉自己是一个受害者，这样，就能证明他的愤怒是合情合理的。这是一个糟糕的恶性循环，只会导致恶性行为。

《爱没有伤害》(*Love Without Hurt*)一书的作者，知名作家史蒂文·斯托斯尼(Steven Stosny)为情感及身体上有攻击性的男人创立了一个项目，这个项目主要关注自我关怀的发展。在他称为新兵训练营的工作坊中，三天时间里，他教给那些有十分严重的愤怒问题的男人如何看清与理解自己愤怒背后隐藏的真实情感。这样，指责与愤怒的恶性循环才能终结。当男人意识到应该以关怀、怜悯而非羞愧来对待自己的缺点时，他们就不再需要为了保护自我而否认个人责任了。这样也帮助他们聚焦于真实的渴望：培养爱、相互的支持。斯托斯尼的愤怒管理新兵训练营是最成功的工作坊之一，它也证明了自我关怀可以促进清晰的自我觉察并做出改变。

一项最近的研究同样也支持这一观点，即自我关怀帮助我们更为容易地承认自己需要提升的领域。研究人员要求被试者回忆之前令他们感觉糟糕的失败或被拒绝的经历，然后告诉被试者写下这一经历：谁引发的，谁在场，怎么发生的，当时他有什么感觉，有什么反应。随后，研究人员指导一组被试者练习关怀自己。例如，请被试者列出如果他人经历这一事件会怎么做，写一篇文章来表达善意、关心以及理解。让另一组被试者仅仅写下事件，并不给予任何指导。结果发现，在写事件经历时，受到自我关怀指导的被试者表现出更少的消极情绪，如愤怒、焦虑或悲伤。此外，他们更多地表达该为事件负责。

自我关怀并不意味着使自己摆脱困境，而是减轻自我批判的痛苦，并认识到人类本身的不完美，以诚实和清晰的眼光认识自己。我们可能会反应过激，会不负责任，会消极，会过分控制，等等。为了帮助自己、减轻痛苦，我们需要学会承认自己的缺点与不足。我们需要认清自己对他人造成的伤害。当我们能关怀地接受每个人都会犯错，都会以自己拒绝的方式做出反应的事实，我们就会承认自己的缺点并加以改进。当我们因羞愧感和不足感而精疲力竭时，实际上，我们就是自恋的。因为我们没有把注意力聚焦于最重要的地方——那些我们伤害的人。自我关怀给我们提供了为自己的行为负责、考虑对他人的影响、为自己的行为道歉的安全感。

我的故事：多年后的继续努力

现在，我已经学习自我关怀十五年了，猜猜怎么着：我自己讲授的内容，我却并不经常练习。正如我在本书开端时说的一样，当感到压力时，我总是急躁易怒，并常常拿我的丈夫鲁伯特出气。比如说，我正心情不好，而轮到鲁伯特做饭，却又没做，我就会以十分消极的方式做出反应。“你从来不洗碗，留着脏碗等着腐烂啊。”（尽管这不常发生，而有时我也是这样。）“你太不负责任了。”（我完全忽视了他正在赶手头的工作。）我在用自我关怀方法之前，就已经耗尽理智。并确信我的反应都是鲁伯特的错误造成的，这不怪我。如果他控诉我不公平，我就会找到十个理由来证明自己的反应是对的。我们不得不痛苦地承认，有时候我们会把自己的坏心情强加给他人，尤其是我们爱的人。

通过自我关怀的练习，现在，我学会了认清自己，承认错误。如果心情不好、烦躁发怒，我会在鲁伯特说“这不公平”之前就道歉。这很有趣，我不再难以忍受自己的坏情绪了。无论是什么原因——生理周期还是天气。有时我只是急躁。不是总是，不是经常，而是有时。这只是我的弱点，而不是可以定义我的特征。

通过自我关怀，我学会了一旦产生这样的心情，我便会较容易地承认自己的问题，并考虑如何补救。例如，通常可以向鲁伯特解释说，我的坏心情与他无关，这就可以让他理解甚至关怀我，而不会产生防御心理。然后，我会找出使自己心情变好的方法。索取拥抱是一个好方法，并且只在道歉之后才有效。道歉和拥抱之后，猜猜发生了什么？他通常会反过来向我道歉——争吵是一条双行道。尽管我的坏心情还会时不时出现，但我已经不会像以前那样拿鲁伯特出气了。

当犯错或是期望没有达成时，你可以扔掉缠住你的绳子，而捡起满怀关怀的温暖毛毯，披在双肩。你就会有更强的动力来学习、成长并做出改变，同时你也会认清自己的位置，以及下一步的方向。你还会拥有能够帮助你实现梦想的支持与鼓励。

IV

PART

人际关系中的自我关怀

9 关怀他人

如果一个人对自己非常残酷，
我们又怎么能指望他会关怀别人呢？

——哈西德·依本·沙普鲁特（Hasdai Ibn Shaprut）
犹太学者

这个女人大约有四十多岁，金发灰眼，有一副和蔼的面容。我们都去参加一个宴会，在我们排队取胡萝卜和鹰嘴豆泥的时候，她问我正在研究什么。我说："我正在研究自我关怀。"她把头轻轻歪向一侧："自我关怀？我感觉从定义上来讲，关怀一般是指向他人的，我们怎样才能关怀自己呢？"我解释说，关怀仅仅是一种处理痛苦的方式，既可以指向自己也可以指向他人。我能看出来，她正在试着理解我的想法。"嗯，我觉得有道理，"她问道，"自我关怀程度高的人是否意味着他也会更多地关怀他人呢？""嗯，"我冒昧说道，"是，也不是……"

人们总是在问我这样的问题。事实上，答案有些复杂。在我考察自我关怀的第一个研究中，我问了被试者这样的问题："你是否有善待自己和他人的倾向？"我发现自我关怀低的人倾向于说他们更多地善待他人而不是自己；

而自我关怀高的人会说他们不仅善待他人，同样也善待自己。换句话说，每个人都说他们会善待他人，但是，只有自我关怀高的人才会善待自己。

在另一项研究中，我和我的同事发现，自我关怀高的人在爱、共情、利他行为的测量上得分并不比自我关怀低的人高，而这些指标都和别人的幸福、康乐有关。这是因为缺乏自我关怀的人会经常进行自我评判，同时，这些人会非常关心他人。

例如，我在宴会上遇到的莎伦（Sharon），一个非常有经验的老年护士，一个关怀者的模范。她经常光顾老年患者的家，给他们带来小惊喜，如小饼干、从花园中采的一束花，这些都能让患者感受到照顾和关爱。她还会经常讲小笑话，让他们精神振奋。当她需要帮助患者完成一些尴尬的任务时，例如给成年人换尿布，她会背过去让他们不会感到尴尬和羞愧。“每个人都会经历这些，完全不必为此而烦恼。”

尽管莎伦发现善待和理解这些老年患者非常容易，但她对自己却极其苛刻。如果她约会晚点了，或者忘记了日常清单上要做的事情，她会对自己进行无情的自我批评。“真是个傻瓜！这些人都要依靠你呢！什么时候你才能长大？”我问莎伦，她是否能像对待自己的病人一样对待自己。“当然不能。”为什么她会这样对自己呢？“我不知道，”她一脸困惑地说，“我猜我觉得我应该这样做。”

像莎伦这样的人很多，特别是在西方，宗教和文化传统都倾向于提倡自我牺牲，尤其是对于西方的女性。我们的研究结果表明，女性的自我关怀水平比男性的稍微低一些，主要是因为女性比男性更为频繁地评判和批评自己。同时，大量的研究证据表明，女性比男性对待他人时更富有关怀心。女性被社会化为一个丈夫、孩子、朋友和老年人的照顾者，无私地向他们敞开心扉；但是，她们并没有被教导要照顾好自己。这样的角色被20世纪70年代的一部电影《复制娇妻》（*The Stepford Wives*）中塑造的女性公众形象很好地诠释了出来，一个完美的女人应该无怨无悔地履行厨师、少女、爱人和保姆的角色，她们不需要关心她们自己。

尽管女权运动有助于展现女性的角色，我们现在看到比以前更多的女性成为了商业界和政治界的领袖；但是，女性作为无私照料者的角色还是没有改变。只是除了在家里作为一个忠诚的妻子和首要的养育者之外，她们还在自己的事业中取得了成功。戴娜·克罗利·杰克的一本书《沉默自己》（*Silencing the Self*）开篇的引用语表达了很多人的经历：

> 我能客观地说，我看起来比一般人要好，我的艺术生涯非常成功，我的演艺事业非常成功，我喜欢社交，很容易和他人成为朋友。尽管如此，但有一点我做得不好，我总感觉失败的婚姻是我的一个缺憾，因为我想拥有自己的事业，却不知道如何才能成为一个专业的妻子。

这种女性更少关怀自己，更少认识到她只是一个人，只能做这么多；相反，她们倾向于无情地评判自己，她们觉得自己应该做得更多。结果是，许多女性深深地感觉到她们不应该是自我关怀的对象。为了更好地理解为什么关怀自我和关怀他人并不总是一体的，我们只需要看一看这些自我牺牲的女性，在我们的一生中她们一直在关心和照料我们。

全面看待事物

有证据表明，在某些时候关怀自己和关怀他人是相互关联的。例如，最近的一项研究发现，与缺乏自我关怀的个体相比，自我关怀高的个体在他们的友谊中有不同的目标。他们更有可能帮助和鼓励他们的朋友，也更有可能关怀朋友的错误和缺点，他们也更愿意接受他们自己的错误和缺点。总体而言，自我关怀高的人比自我批判的人更容易建立一个亲密的、真实的、相互支持的朋友关系。（这在下一章我们会讨论到，自我关怀高的人倾向于更为支持、接受和照顾他们的伴侣。）因为在亲密关系中我们更容易受到情绪性的伤害，因为我们的内心赤裸裸地呈现给了对方，我们经常会感受到来自他人评判的威胁。可是，当我们停止评判和评价自己时，我们就不需要过多地担心他们的评价，而把注意力转移到如何满足他人的情感需求上。

尽管关怀包括对他人的照顾和关心，它还包括如何站在受难人的角度上看问题——就是所谓的穿他们的鞋子走一英里——苏格兰喜剧演员比利·康诺利（Billy Connolly）曾经说过："在你评价一个人之前，穿他的鞋子走一英里。在这之后，管他是谁？他已经在一英里之外，你得到了他的鞋子！"不要对犯错之人轻易地做出评价，关怀会让我们考虑到一定是什么东西让这个人犯了错。它会从内部而不是外部来看待事情。对犯过大错的公众人物感到关怀——如当丹·奎尔（Dan Quayle）喊出"共和党理解母子关系的重要性"——你必须站在他的立场。不仅仅是从你自己的观点看问题（有多可笑），还应当从他人的观点看问题（有多尴尬）。

当我们关怀自己时，也必须进行观点采择。不仅仅是把我们的视角集中到苦难的情境上——我感觉到屈辱、害怕、不适等——我们还把他人的视角集中到自己身上。我们对人类自身的不足应该持一种友好和宽容的态度，像我们的好朋友、我们亲爱的父母一样对待我们自己。通过局外人的视角观察我们的瑕疵，自我关怀允许我们停止对自己的严厉评判。我们的研究表明，在反思他人的错误和缺陷时，自我关怀水平高的人更倾向于使用观点采择。他们更有可能说出这样的话："在批判一个人之前，我应该试着想象一下如果我在他的位置上我的感受如何。"本质上而言，关怀是有关系性的，在观察人类状况的相互关系时来回切换视角。

尽管采择他人的观点对于社会和谐非常重要，但是它也有负面作用。有时，它会让人难以承受，尤其是其他人真的受到了伤害时。例如，当我们在电视上看到飓风的幸存者时，我们会害怕让他人的痛苦完全侵蚀了我们的心，随即被它们淹没。因此，为了自我保护，我们会关掉电视，或者调到其他频道。不过，除了关掉电视之外，我们还有其他的选择。我们的研究表明，自我关怀允许我们感受他人的痛苦，同时又不被它们击垮。换句话说，当我们认识到挣扎中的人有多困难时，用下面的做法来安慰我们自己，支持苦难中的其他人能够让我们更强壮、更坚定、更有韧性。这在面对他人的生存问题时是一个特别重要的技巧。

关怀疲劳

把大量的精力集中到帮助他人身上会导致我们“关怀疲劳”，这是一种综合征，经常发生在临床医生、护士或其他照顾者身上。关怀疲劳是因为持续处理受伤病人而导致的一种精力枯竭。当我们听到虐待或令人恐怖的故事时，当我们照顾因为疾病或暴力而受伤的身体时，照顾者能间接体验到病人的创伤。因此，关怀疲劳也经常被称作“二级创伤应激”。二级创伤应激的症状和创伤后应激障碍的症状比较类似，例如做噩梦、情绪麻木、夸大的惊吓反应。二级创伤应激也会导致安全感的下降，愤世嫉俗的增加，和所爱的人断开联系，等等。

最富有关怀心、最敏感的照顾者患二级创伤应激的风险最大，他们体验病人的痛苦最为深刻。据估计，大约四分之一治疗创伤病人的专业工作者经历过某些关怀疲劳的症状。而在极端事件中，例如美国俄克拉何马州的爆炸事件，这个数字会是通常的三倍。尽管我们不知道有多少熟练的照顾者最终选择了退出，但是这个数字一定非常高。

研究表明，经过自我关怀训练的照顾者经历关怀疲劳的可能性更小——因为他们知道在和病人交互过程中避免压力过大、精力衰竭的技巧。研究还表明，自我关怀的训练会导致更多的“关怀满足”——感觉到经历充沛、快乐和愉悦，这些体验在这个世界上起着重要作用。当你作为照料者不被痛苦所击倒，你就更容易把精力集中在你努力的事情上。

当照顾者具有自我关怀时，他们更有可能从事自我照顾的具体行为，例如抽时间休息、睡得更多、吃得更好。他们会停下来关心自己的情绪需求，承认每天处理这种高强度的灾难有多么困难。照顾者与受害者一样艰辛，一样值得关怀。当然，疼痛有强弱的差异，但是所有的疼痛都应投入关怀的温暖怀抱。

自我关怀是情绪性的再充电过程。自我关怀允许我们填满内部储备，以便我们有更多的资源给予有需要的人，而不是因为帮助他人而变得枯竭。就像飞机起飞的短视频会告诉成年人在给自己的孩子戴上氧气面罩之前，自己要先戴上。为了能有充足的关怀资源与他人分享，我们需要有一个稳定的供应源。如果我们的资源耗尽了，我们还拿什么分给依赖我们的人呢？从很多方面来看，自我关怀是一种利他行为，因为它把我们调整到一个最佳的心理和情绪状态，让我们可以持续地帮助他人。

练习一
照顾者的自我关怀

如果你是一个专业的照顾者（也包括照顾家人），你需要充电，保证你有足够多的资源与他人分享。满足你自己的需求，承认这些不仅会提高自己的生活质量，也会提升你的能力以支持依赖你的人。下

面是一些方法:

按摩、修脚或其他形式的放松。

在一天中小睡一会儿。

去喜剧俱乐部，笑能缓解紧张的情绪。

听一些舒缓的歌曲。(我喜欢披头士的《随他去》。据说，保罗·麦卡特尼是在经历一段特别痛苦的阶段时创作的这首歌，当时，他梦到了已故的母亲——玛丽，他母亲曾试着用“随他去”这句话来安慰他。)

伸展身体或做半个小时瑜伽。

在大自然中漫步。

躺在地板上，胃部一侧朝下，让另一个人轻轻地敲打你的后背，这无疑能够起到放松的作用，不需要你的伴侣做多大的努力。

去跳舞。如果你不想去俱乐部学习正式的舞蹈课程，可以去网上搜索“五律禅舞”“表现主义”舞蹈。

完成关怀身体的扫描(见第六章的练习四)。

在一天结束的时候，如果你决定喝一杯带有关怀色彩的红葡萄酒来帮助放松，还要喝一大杯水以保证你不会脱水。或者，如果你不想喝带酒精的饮料，调一些黑红色的果汁(蔓越橘、石榴或者樱桃)，混着苏打水，放到一个葡萄酒杯中。通常，仅仅是葡萄酒杯中的黑红饮料就会触发一种放松的反应。

自我关怀和宽恕

关怀他人不仅包含对他人苦难的反应——还包括要宽恕伤害过我们的人。当我们停止怨恨，放弃对虐待的憎恨，宽恕才可能发生。这意味着容忍——想要别人怎样对待你，就要怎样对待别人，而不是像他们对待我们那样对待他们。宽恕并不是让我们停止自我保护，当然，也不是让我们针锋相对，包括对愤怒、怨恨的情绪性报复，从长远来看，这只会对我们自己造成伤害。自我关怀让宽恕变得更为容易，部分原因是因为它给了我们治愈他人造成的感情创伤的能力。我和我的同事进行的一项研究直接考察了自我关怀和宽恕的关系。宽恕的倾向通过以下表述来进行测量，正向的，例如“当有人令我失望，我最终总能摆脱它”；反向的，例如“我会持续地惩罚那些我认为做错事的人”。我们发现，和缺乏自我关怀的人相比，自我关怀高的人更有可能宽恕违反规则的人。

自我关怀转变为宽恕的一个主要的途径是通过我们的共通人性实现的。在第四章，我们有所讨论。当我们把人类看作一个个独立的、能够完全控制自己的思想和行为的个体，我们会很自然地要去责备那些伤害过我们的人，就像我们因为弄糟一件事而责备自己一样。但是，当我们理解关联性的精髓，我们会看到有数不清的因素会影响我们成为什么样的人，影响我们做出什么样的行为。我们开始看到，只是因为某件事情而去责备某个人——包括我们自己，有多不可能。每一个有意识的个体都处在一个庞大的因果关系网中，这些原因和结果会影响我们的行为。深入了解这些是我们宽恕自己以及他人的关键：能让愤怒和怨恨烟消云散，能让我们去关怀所有人。

我的故事：宽恕是神圣的

对于我自己而言，我知道宽恕自己背叛和离开我的第一任丈夫的行为，宽恕我的父亲离开我和忽略我的行为，这些都是相互关联的。在我结束第一段婚姻之前，我对父亲有很多的愤怒和怨恨情绪。当我和好朋友谈论起我的父亲时，我会尖刻地挖苦他抛弃了我和我的兄弟。“自由性爱，没有任何附加条件限制，那是嬉皮士的生活方式。”但是，我从来没有直接让我父亲知道过，我有多愤怒。我们的关系悬在一根细线上，我感觉它经不起任何轻微的拖拽。我们偶然见面时，我总是摆出一副“乖女儿”的形象，以此来维持仅有的父女关系。只要他一走出我的房门，我就会在背地里批判他。这不是一种健康的交流方式，但要同时应对复杂的情感，包括伤害、愤怒和抛弃等时，我只能做到这些。

之后，我离开了约翰，去找皮特。不是出于怨恨，也不是出于缺少关爱，而是因为我自己处在一种令人绝望的不快之中，想要也需要打破这藩篱。我做了一些我认为以后不可能做的事情，我伤害了我爱的人，并抛弃了他。但是，我在当地的冥想中心学习自我关怀之后，我开始真正理解我的行为，以及驱动这些行为背后的苦难。我开始宽恕离开约翰的行为，就像我开始宽恕皮特没有因为我离开他妻子的行为一样。我理解人类内心的复杂性和局限性，开始成长和成熟。而这对我的父女关系似乎有一种矛盾的影响。我开始对他变得更为愤怒。

在我嫁给鲁伯特之前的几个月里，我记得和父亲通过电话。莫名其妙的我竟然有勇气告诉他，我受到伤害的真相是因为在我还是个孩子时他离开了我。由于冥想训练，开始的镇定给了我勇气。但是，我父亲并没有接受这个真实的新发现。他立刻变得非常激动，并采取了一种自我保护的态度。“这是我的因果报应，每件事情的发生都是有原因的。”“让你的因果报应见鬼去吧！”我大喊着挂掉了电话，倒在地上，泪流满面。

鲁伯特试着安慰我，但是没有用。我需要全面地去体验我的愤怒和创伤。被遗弃和拒绝的破坏性情绪体验充满了全身，几乎要让我崩溃。我进入了非常黑暗的阶段，知道已经到了要充分肯定我的痛苦和悲伤体验的时候。

同时，我也在思考我给约翰造成的悲伤与痛苦。契机是在朋友们的一个聚会上，我又偶然遇到了他。他一脸憔悴的样子，突然挡住了我的去路。我快速地离开了派对，羞愧渗透到了我的每个毛孔，之后我变得非常抑郁。鲁伯特比较幸运，他和我每周都要学习自我关怀，他能让我的头露出水面，从而让我能够进行深呼吸。他提示我说，我嫁错人的一个原因是因为父亲遗弃给我带来的不安全感。因为这些复杂的痛苦情绪，我持续不断地进行着错误导致的恶性循环。他鼓励我关怀自己的错误，停止评判自己。我在那时已经尽力了。

这导致我去思考是什么驱动了我父亲的行为模式，也导致我更少地去评判他，更多地去宽恕他。我父亲的双亲非常冷酷，他们和父亲是分开居住的，他们都是严格的独裁主义者。我的父亲几乎没有感受过什么是爱，总是被认为是一个负担，一个需要养活的人，再无其他。尽管祖父母就住在当地，但是他们甚至没有参加我父亲和母亲的婚礼，因为他们在社交环境中感到非常不自在。他们也不知道如何应对这些冲突。比如有一次，在我的祖母和她的其他儿子因为干洗店吵了一架之后，三十年都不说话。提到我和祖父母的关系，其实没有什么值得说道的地方。在我的父亲离开我们之后，他们从没有来看过我，即使他们住的地方离我们这里只有不到一小时的路程。他们只是觉得太尴尬。说得好听点儿，我的祖父母基本上没有尽到任何义务。

但是，之后我必须思考我祖父的故事。20世纪之交，他作为经济难民和他的父母一起从希腊，穿过爱丽丝岛来到美国（我的姓，Neff，事实上是希腊名字Nefferados的缩写）。八个兄弟姐妹中他最年长，在美国的学术系统中他的表现非常卓越。他在学术和体育方面都拿过大奖，从高中毕业后，就在好几个大学都拿到了奖学金，美国梦马上就要实现了。可是，在他高中毕业典礼那一天，他的父亲离开家去了希腊。他告诉我的祖父，既然他已经是成人了，就必须担负起养育母亲和七个兄弟姐妹的义务。他被迫放弃了他的大学梦，放弃了获取美好生活的梦想，在加油站找到了一份养家糊口的工作。他在加油站度过了他的一生，尽管他最后拥有了这个加油站。我的祖父从来没能抚平这件事带来的创伤，这件事从情感上摧毁了他。

就这样，痛苦和功能障碍一代一代地传下来。遗传和环境的混合交互让我们的人生以一个复杂的关系网的形态展开，这个关系网比我们自己本身要强大得多。唯一出路是离开这个循环系统，停止让更多疼痛来应对疼痛反应的恶性循环。我们需要让我们的心灵充满关怀，宽恕自己和他人。

事实上，这也是我最后能为父亲做的事情。在他完全理解我的愤怒之后，他能够重新理清思路，我们第一次开始了一种相互信任的关系。自这个愤怒电话之后的一两年中，一次难得的聚会，我的父亲向我真诚地道歉。他保证，他对我的爱从来没有动摇过，他只是不能给予我所需。当他意识到我的母亲不是合适他的人选时，他把自己困在自己的生活中，这让他感到非常不快乐，他不能成熟地处理这件事。他从来不知道如何讨论一件事情，也没有好的例子可以借鉴；更不用说让他在平衡自己和他人之间的需求时做让步和妥协了。他感觉自己就像他的父亲一样，陷入了一种自己不想陷入的生活状态，把自己禁锢在里边不能自拔。他不会把这个当作自己行为的借口，只是作为一个解释。我能清楚地意识到，他给我造成的伤害让他有多痛苦。幸运的是，在我深入研习自我关怀的时候，做了很多宽恕我自己和我父亲（还有他的父亲以及他父亲的父亲）的练习。最重要的是打破了这根锁链，我们现在准备以一种新的方式进行互动。

有一点非常重要，我们要记住宽恕并不是姑息坏的行为，我们需要和伤害我们的人进行交流和互动。辨别的智慧能够让我们清晰地看到，什么时候这个行为是有害的或者适应不良的，什么时候我们需要保护我们自己不受恶意的伤害。但是，我们还要承认人无完人，每个人都有可能犯错。

出于无知、幼稚、恐惧、非理性的冲动，人们经常会做出一些不恰当的行为，我们不能只通过这些行为来评价他们，因为每个人都不可能完全有意识地控制自己。即使他们意识到他们伤害了其他人，我们仍然需要搞清楚——是什么让他们失去了关怀之心？是什么创伤让他们变得这么冷酷和无情？他们有什么故事？

人总有犯错的时候。评价一个人即评价全世界的人，宽恕一个人即宽恕全世界的人——包括我们自己。

练习二
宽恕伤害过我们的人

回想你长期怨恨的人，你现在想宽恕他。如果你还没有准备好要宽恕他，不要这样做。宽恕不应当是贸然而行，它会在合适的时机翩然而至。但是，当你已经准备好了，宽恕他人最好的方法是找出伤害行为的原因与条件。我们的思想、情绪和行为是无数原因与条件交互影响的产物，但是这些原因和条件我们很难控制。理解这种关联性有助于宽恕的发生。

1. 当我们审视一个人的伤害性行为时，看一看我们是否能找到背后的原因。他是否感受到了害怕、困惑、诱惑、愤怒或其他强烈的情绪？他是否有应激性生活的经历，如经济上失去安全感或者其他的挫折？他正在应对多么困难的情形？

2. 现在，让我们想一想为什么他们没有停止自己的行为。很明显，他们已经不能自我控制了，因为缺乏稳定成熟的情绪，缺乏共情和延迟满足的能力。为什么缺乏这些东西呢？他们在成长过程中的角色榜样非常糟糕，因此他们从来没有发展出这种技能？

3. 如果我们把它归结为这样一个事实，即这些人是卑鄙、自私的——想象一下是什么导致了这样的人格类型。不安全的依恋、社会孤立、生活经历还是遗传特质?

4. 一旦你对他们行为的原因和条件有了比较好的理解，看一看释怀你的愤怒和怨恨是否变得比较容易了。人类是有局限性的，比较容易犯错误，有时他们会做出一些出格的事来。你能宽恕他们吗? 宽恕他们并不一定是指你一定要和他们再次进行互动交流。这看起来是不明智的。但是，通过消除你的愤怒和谴责，你会创造一个更加平静、满足的心灵。

培养善心

自我关怀中一件非常神奇的事情是它允许你敞开自己的心扉——一旦它打开了，也就真的敞开了。关怀要用到爱、智慧和慷慨的能力。这是一种非常美妙的心理和情绪状态，它无边无际，没有方向。因为我们能够很好地理解和接纳自我，我们也能够很好地理解和接纳他人。我们尊重人类的弱点，我们能够宽恕他们的错误。当我们的安全感受到威胁，通过安抚自己，能够给我们提供一种安全感，在我们探索原因和条件形成的复杂网络时需要这种安全感。

在传统佛教中，有一种修行，是用来发展我们对自己和他人的善念的，被称作“慈心禅”。在修行中，他们会重复默念引起慈悲心的短语，而且会指向各种目标。传统上讲，这些短语会先指向自己，目的是让自己体验慈心的产生。这些短语有不同的版本，有一组短语如下：愿我安全，愿我平静，愿我健康，愿我易度余生。然后，这些短语可以用到引导者或施主身上，用到好朋友身上，用到陌生人身上，用到一个有些困难的人身上，最后用到所有人身上：愿你安全，愿你平静，愿你健康，愿你易度余生。

当慈心修行刚开始传到西方时，传教者发现人们很难对自己产生慈心，因为我们的文化强调自我批判。因为这个原因，修行的顺序做了调整，先把慈爱短语的对象指向一个引导者或施主身上，即我们要选择一个我们能无条件地和他产生积极关系的人，以便慈心更容易产生（有些人甚至把对象指向自己心爱的宠物）。之后，在慈心开始涌现的时候，再把短语对象指向我们自己。

请注意，传统的慈心短语是用来孕育善念的，不是关怀。善念和所有的情形有关，而关怀只在苦难情形中出现。为了更为直接地把目标指向关怀，克里斯·杰默和我在我们的静观自我关怀工作坊中提出了传统慈心短语的变式。它们被设计用来帮助人们在体会到自身不足时产生自我关怀：愿我安全，愿我平静，愿我善待自己，愿我接纳真实的自己。如果是我们受到了外界环境的伤害，最后一个短语可以改为：愿我接纳自己真实的生活。我们发现，当人们在生活中拼命挣扎需要关怀时，自我关怀的短语比传统的慈心短语更为有效。

在进行慈心修行时没有一个所谓“正确”的方法。许多人把短语改得更为生活化。例如，一些人不喜欢在每个短语前面用“愿我”。感觉太像一段祈祷文，更像是在征得权威人士的同意。另外的选择是“我祝愿”，“我希望”，或“我想”。有时，为了让这些短语听起来更为自然，会加上“尽可能”。例如，愿我尽可能安全。

最后，有一点非常重要，慈心修行只在动机、意愿水平起作用。我们滋养着健康和幸福的希望——对我们自己和其他人——作为打开我们心门的道路。这不是幻想训练，也不是忽略残酷的现实存在。我们只是通过让自己和他人体验幸福、爱的滋味、关心，实现对自我对他人的关怀。关怀反过来又会转化为更多的仁慈和关爱的具体行动。

练习三
把善念指向我们的痛苦

（一个指导性的冥想训练，MP3格式的见www.self-compassion.org）

如果你正在努力克服自我评判，或者你发现自己处在一个非常困难的应激阶段，看看你是否能每天抽出十五到二十分钟的时间培养慈悲之心，练习如何关怀自己。开始练习之前，在一个安静舒适的环境下坐好，或者在一个安静的地方独自一个人散步。做几个深呼吸，让自己的身体平静下来。此时此刻，你就在这里。

首先，慢慢地回忆你的伤痛之源。你有害怕、孤独、愤怒、无价值、挫败的感觉吗？看看你是否能和这些情绪和平相处，不要过多地想引发这些情绪的背景故事（你做了什么，他没有做什么，等等）。不管你现在感受如何都无所谓。欢迎所有的体验。不必拘泥于任何事情，也不必把它们推开。

现在，看看你是否能感受到你身体里的情绪。比方说你感受到了悲伤。悲伤的感觉像什么呢？是郁闷？是你眼角的一丝沉重？是绷紧的眉间？等等。把你的情绪定位在你身体的某个部位，你会更容易感受和体验他们，而不至于在沉思中胡思乱想。这样反而可以和你目前的经历和平共处。

现在，把你的手放在你的心口，让你的意念为正在经历痛苦的自己提供仁慈、理解和关怀。记住，你所感受到的是人类体验中不可分割的一部分。在你的苦难面前，你并不孤单。

现在，柔和缓慢地复述下面的短语：

愿我安全。

愿我平静。

愿我对自己仁慈。

愿我接纳真实的自己。

如果你觉得不合适，可以把最后一个短语改为：

愿我接纳自己真实的生活。

不断地重复这些短语，通过感受你身体中的痛苦情绪，或者体验你的手在你心口温柔的抚慰，适时更新这些鼓励你的话语。

当你发现自己走神了，继续复述这些短语，体验你身体中的情绪，或者体验你的手在心口的感觉。重新开始。

如果你曾经被自己的情绪击倒，你还可以把注意力转移到你的呼吸上，把它当作一种自我平复的方法。当你舒适、平静下来之后，再复述这些短语。

最后，做几个深呼吸，安静一会儿。如果你感觉到了自我关怀，让自己尽情享受这种甜蜜的感觉。如果关怀感没有出现，这依然是一个有益的练习。让你品味自己的善意和关心自我的意图。这一点非常重要。

当你准备好之后，慢慢地重新开始你的日常工作，要知道你在任何时候都可以进入这种关怀训练，只要你愿意。

里奇·戴维森（Richie Davidson）和他的同事最近的一项研究证实了慈悲心的力量。研究者训练了被试者两周，这组被试者每天都要进行慈心冥想三十分钟。为了进行对照比较，他们还训练了另一组被试者，让他们对自己生活中的困难情形进行更有建设性的思考。换句话说，他们教一组被试者改变自己的心灵，教另一组被试者改变自己的头脑。只有慈心训练组被试者的自我关怀表现出显著的提升。另外，研究者还让他们观看苦难的照片，例如一个眼部长有肿瘤的小孩儿。研究者对他们进行了脑扫描，结果发现，和仅仅改变思考模式的被试组相比，慈心冥想组被试者感受到了更强的共情体验（脑岛出现了更强的激活）。同时，自我关怀程度越高，脑岛激活的程度越强，这些结果表明自我关怀可能会增加一个人的观点采择能力。在实验的最后，研究者还问了被试者一个问题，他们是否愿意把自己的部分实验报酬（165美元）捐给慈善机构。结果发现，慈心冥想训练组捐的钱更多。即使是一个短期的慈心冥想训练，也能增加我们对自己和他人的关怀，同时还表现出更多的关心和慷慨的行为。

慈心训练的一个神奇的地方是不用固定坐在某处修炼。我们在任何时候都可以产生对自己和他人的善意与关怀心，例如在开车上班的路上，在便利店购物的时候，在牙医诊所排队等候的时候。在训练我们的大脑以一种关怀的方式去对待苦难的时候，到底发生了什么？通过关注我们内心深处的欲望——对快乐、和平和健康的——我们真实地提升了生命的价值。《圣经》有言，“你播种什么，便收获什么”。在我们的心灵中播下慈悲的种子，我们能把自己的心灵蓝图构建得无限美好。

从佛教的观点来看，关怀曾经伤害过我们的人可以让我们有平静的心灵，即使是在最不利的环境中；而这反过来也会保护我们，不让伤害把我们击垮。关怀他人对我们而言真的是一个礼物，因为它孕育了我们的仁慈之心，通过认识我们内在的相互联系让我们具有更强的安全感。平静地敞开心扉，灾难和生活的挫折就很难伤害我们，苦难会成为通向大爱之门。

10 自我关怀的培养

只有成年人才能让自己的行为和身心进入爱的境界，对孩子而言我们可能是最恰当的模范。言教不如身教，想让孩子成为什么样的人，我们必须先成为什么样的人。

——约瑟夫·奇尔顿·皮尔斯（Joseph Chilton Pearce）

道·卢·奇尔德（Doc Lew Childre）介绍的《教育孩子如何爱》（*Teaching Children to Love*）

自我关怀是成为优秀父母的核心。通过教给我们的孩子自我关怀，能够帮助他们处理生活中不可避免的伤痛和缺憾。通过关怀自己，我们能更好地处理养育中的挫折和困难，即便世界上最棘手的职业——让我们面对这种现实吧，养育是一种职业，只是没有报酬——也不是那么棘手了。

关怀我们不完美的养育

卡罗尔晚点了。她要出门和她的朋友一起去听音乐会，保姆马上就要到达她家里照顾她的两个孩子。她一边化妆和整理头发，一边把一些意大利面放到锅里煮。当她回到厨房才意识到煮的时间已超了将近十分钟。“妈妈，我饿了！”她的小儿子抱怨，“晚饭什么时候准备好？”煮过头的意大利面，一旦煮干了，就像土豆糊糊一样。她又加了一些调味汁，希望她的孩子不会注意到饭已经煳了，但这几乎是不可能的。“真恶心！”她年长的孩子皱着眉头，翘着鼻子抱怨道，“你想要我们吃这个？为什么你不能像简一样烧出美味的食物？”这个评价很明显是恶意的。简是她前夫的新妻子，她非常有才干，而且是一个好厨师。

卡罗尔的第一个本能反应是接受下面这个现实。她感觉害怕，因为她从来都是成事不足，败事有余，不是一个合格的妈妈，还失去了自己的丈夫。但是，幸运的是，她醒悟得比较及时。卡罗尔后来试着更为温和地对待自己，她意识到这是一个让她增强自我关怀的完美时机。她提醒自己，母亲有很多事情要做，偶尔有件事情没做好是非常正常的。把意大利面煮过头不是什么大事。“对不起，我把晚饭搞砸了，但这并不是世界末日。我订购一些比萨饼怎么样？”不用说，她的孩子一定赞成这个主意。她甚至听到女儿向儿子偷偷地说：“太酷了——简从没有让我们吃过比萨饼！”就像一个作家——皮特·德·弗里斯——评价的那样：“有时候父母似乎不过是在喂养一些恩将仇报的人。”

当然，我们并不能一直比较理性地处理和孩子们有关的事情。我们的小宝贝有时候能让我们疯狂，世上所有父母都经历过这种情形。当他们让我们变得烦躁时，我们会训斥他们；当他们要吸引我们的注意时，我们忽略他们；当我们愤怒的时候，我们会冲着他们大吼大叫。每个人都会犯错。但是，当我们开始关怀这样的事实，我们能够很容易地接受作为父母的不完美，我们会为自己的行为道歉。这不仅会帮助我们的孩子感受到被爱和照顾，同时也让他们知道，妈妈和爸爸也是有可能犯错误的——犯错误并不意味着世界末日。

尽管在我们犯错误的时候向孩子们道歉是非常重要的，但不要过度地批判自己也同样重要。特别是在孩子面前。“油箱几乎快空了，我竟然忘记加油了！看我有多笨！我是如此不负责任！”这里传递了一个信号，当我们达不到我们的理想时，自我批判是一个有价值并且合适的反应。但是，你真的想让你的孩子像你一样应对痛苦吗？这是父母们经常忽略的事情。或许你在自己的孩子犯错的时候非常细心地关怀和支持他们。但是，如果你每次犯错都把自己批判得一文不值，你会向他们传递一个错误的信号。在孩子面前，如果你明确地、富有关怀地承认你的不足，你可能是一个更好的榜样。“真讨厌！我忘了加油，油箱几乎空了。我一定是工作太忙把这件事给忘了。不管怎样，我们还是有足够的油开到加油站的。”在孩子们面前树立自我关怀的典型榜样，是帮助他们发展这个技能的最有力的方法。

练习一
关怀我们作为父母所犯的错误

当一天快要结束的时候，想象一下你作为父母是否有犯错误。有没有什么事情你希望自己做了而实际上没有做。试着尽可能真诚，要知道人类是不完美的，这没什么不好。试着就像你的好朋友一样，友善地对待和理解你自己。

然后，想象一下是否有什么你可以做的事情，来弥补当下的局面。向你的孩子道歉？承诺你要补偿他们（还要真的去做）？通过这种对错误的弥补行为，事实上你已给他们上了非常宝贵的一课。

下一步，尝试着去确定是否有情绪左右了你的行为，例如紧张、压力、挫折、疲惫，等等。如果是，对你的情绪创伤给予关怀。做父母很难！你是否想过做出一些改变来缓解你的压力，如在自己身上花更多的时间？

在第九章第一个练习中选定两三个自我关注的活动（或者是自己编制一些活动），然后，去实现它！父母们很容易说："耶，是应该拿出一些时间来为我们自己做一些事情了。"但是，事实上他们总是抽不出空来做这些事。是，你们的时间压力很大，但是事实上，认真对待自己的需要可以让你们成为更称职、更有支持性的父母。这是一个双赢的结局。

矫正孩子的行为，鼓励他们自我关怀

许多父母都想知道，当自己的小孩出现不礼貌的行为时，如何去训练他们，如何提高他们的自我关怀能力。最重要的是，你不能严厉地批评他们，让他们觉得自己没有达到你的期望感到羞愧。（另外，这样有可能事与愿违。就像演员杰克·尼科尔森所说的："我的母亲从来不觉得称我为狗崽子是一种嘲讽。"）我们的研究表明，父母的持续批评会带来非常严重的问题：严厉父母的孩子自我关怀程度都比较低，在成年的时候更容易焦虑和抑郁。正如第二章所讨论的，孩子通常会内化父母的评价，这会贯穿到他们之后的生活。尽管没有一个父母愿意让自己的孩子受苦，但是多数家长都相信训练必须是强硬的，才会有效果。

尽管从来不会训斥孩子的放任型的父母，可能会阻碍儿童的成长和发展，但是，你可以把握好一个度，用一种温和的、关怀的方式来矫正他们的问题行为。让孩子们知道，为什么改变问题行为那么重要，不一定要让他们因为自己的不良行为感到自己非常糟糕。

对孩子们不良行为的一个关怀反应是：把焦点集中在他们的现实行为上，而不是他们普遍的性格特征上，即要就事论事。你必须强调，不要用我们的失败和缺陷来定义自己，而是要用一种持续、发展的眼光来看自己。

还有一点很重要，在矫正问题行为之前，应该确定出导致问题行为背后的情绪因素。你的儿子尼尔在玩他最心爱的电子游戏时，对他妹妹玛丽说“闭嘴”。这种情况下，不要对尼尔说：“你怎么这么粗鲁，尼尔！为什么你不能对玛丽友好点儿？”你可以这样说：“我知道你的游戏老是被打断，你有些生气；但是，当你对玛丽说闭嘴时，你伤害了她的感情。”或者，你的女儿在接了一个朋友的电话之后，忘记了把厨房灶台上的蜂蜜瓶子的盖盖上。不要对她喊：“你这个懒家伙！”你可以这样说：“我知道你因为接电话分神了，但是我们也不希望家里爬满虫子。”一个小幽默可能会带来更好的效果——“你真的想让我们的厨房看起来像《杀手蚁的进攻》（*Attack of the Killer Ants*）中的画面那样？”如果孩子们感觉你能理解而不是攻击他们，他们会更有可能听你的意见。

要让孩子们知道，犯错没什么大不了的，不完美也是生活的一部分。例如，你可以说“我们只是人类的成员之一”，“受挫折是很自然的事情”，等等。这些都是让孩子们获得这种关键思想的不错的途径。

有时，我们交流的不仅仅是说话的内容，我们的声调同样也非常重要。即使是一个还没有学会说话的婴儿，也能够无意识地记录父母说话声调中的情绪含义——爱、害怕、生气，等等。如果你的声调传递的是一种负面的信息，即使你说的内容是中性的，你的孩子一样可以感受到沮丧和不满。这可能会触发愤怒和防御性的反应。但是，如果你用关怀性的语言，结合温和的语调，让孩子意识到对自己的行为负责没什么困难，很安全，他会发现承认自己的问题行为很容易，会更容易去改变它。

值得一提的是，在矫正自己孩子的问题行为之前，你自己的反应是否一点自我防御性都没有？你是否认同你的孩子？你是否感觉孩子的不良行为影响了你的声誉？当你的女儿在饭馆里坐立不安，不好好吃饭时，你的真实反应真的是因为她坐立不安，还是其他人不好的评价——因为女儿的不良行为让别人认为你一定是一个坏爸爸？除非你自己能够接纳这一切，关怀你自己的反应；否则，你的处理可能会很糟。但是，当你关怀自己时，你可能也会关怀自己的孩子，从而进入一个更好的状态。

哺育年幼的孩子

在哺育婴幼儿的时候，需要我们不断地去引导、管理，纠正他们挑食的习惯、发脾气的习惯，培养他们换尿布的习惯，等等，因此这是一个非常有挑战性的工作。正如幽默作家艾玛·邦贝克（Erma Bombeck）所说："当我的小孩不守规矩的时候，我会做一个细致、安全的围栏。等围栏完成了，我就清净了。"年轻孩子的父母需要帮助。幸运的是，当你开始自我关怀的时候，帮助就在我们身边。

澳大利亚的临床心理学家丽贝卡·科尔曼（Rebecca Coleman）博士曾经做过一个项目，教给父母（孩子的年龄在五岁以下）静观和自我关怀的技巧。这个项目被称作MAP（Mindful Awareness Parenting），即静观意识的培养。这个项目的目的是：当父母遇到困难的育儿情景时，帮助他们提高做出明智决定的能力。换句话说，小乔尼把整整一大瓶洗碗液倒进浴缸，而你这时正在洗澡。当你正在清理洗碗液时，小苏西抱着你的腿，让你给她梳辫子，在这种情况下你是否能够保持理智。

MAP能够提高父母的敏感性，它教给父母们关怀自己的孩子，提高他们对孩子"关系需要"的敏感性，同时培养他们的关系需要。有时，孩子们的行为非常令人讨厌，但是他们事实上是在传递一种信息，即他们需要父母们的情绪性支持。不是孩子们在寻求父母的关注，而是在寻求一种联系。正如第三章所讨论的，孩子们在生理上和自己的父母形成一种亲密的依恋关系，以此作为一个安全基地去探索他们的世界。当孩子们感觉到害怕或者对自己没有信心时，他们会很自然地回到父母的身边，父母是他们信心和安慰的主要源泉。一旦他们感觉到安全，他们又会去玩耍、探索、学习和发现外部世界。

科尔曼指出，父母帮助他们的孩子提高安全感的一个关键途径是“情感协调”。情感协调包括代入和镜像回应孩子们的情绪。当孩子感到心烦时，父母要像镜子一样回应孩子的情绪，例如发出悲伤的声音，做出悲伤的表情；然后采用一种宽慰的表情和声调去改变孩子们的情绪。当孩子哭的时候，妈妈可以轻轻地晃动小床，微笑地看着他，温柔地重复：“亲爱的，没事了，没事了。”最后，孩子慢慢平复下来。父母会本能地去做这些事情，他们没有意识到自己正在调节孩了的情绪。

但是，一个母亲面对一个哭泣的婴儿，可能会被自己的情绪击垮——“为什么这个讨厌的小孩儿不能闭嘴，快让我发疯了！”——她不能帮助自己的孩子安静下来。反过来，她只能让孩子更烦躁，因为孩子会镜像反映父母的焦虑。可是，如果父母带着关怀心对他们自己的挫折做出反应，他们就能够平复自己狂躁的情绪，因而会进入一个更好的状态，这样也会帮助自己的孩子进入一种安静、平和的状态。

几个月之前，我遇到了我的研究生皮特曼（Pittman）。他的妻子梅里利（Merilee）最近生了一个小女孩儿。但是，他们三岁的儿子芬恩（Finn）开始表现出一些“挑战性的行为”。一天，当他们办完事回到家，皮特曼发现已经知道怎么小便的儿子在他们卧室的墙上撒了一泡尿。当说到这个事情时，芬恩只是转向他父亲，露出邪恶的笑，说：“我恨你。”

感谢上帝，皮特曼受过自我关怀的训练！如果他失控了，我们可能都能够理解，但他没有失控，他试着排除杂念，做了几个深呼吸，给予自己关怀，这种情形是多么困难，多么富有挑战。这帮助他能够重新集中思想——芬恩不仅仅是淘气，他事实上正在经历嫉妒之苦，而三岁的孩子不能有效地处理这些情绪。因此父亲并没有感到生气，而是坐下来，搂住了他的肩膀。首先，他承认，在家庭的日常生活发生变化时，芬恩有挫折感是很正常的，“我知道这对你来说太难了，因为你妹妹需要我们全身心照顾。但是，你妈妈和我比以前更爱你了……”芬恩不高兴的情绪几乎立刻就开始消退了，他甚至开始看到幽默的情景。芬恩在适应家庭的新成员时——特别是当他付诸行动时，感到父母对他的爱和支持越多，他越能够意识到，父母的爱是不可动摇的（即使他们的爱之墙可能发生了一些变化）。

练习二
和你的孩子一起进行“开始了”练习

这个练习选自丽贝卡·科尔曼博士的MAP项目（更多的信息见www.maplinc.com.au）。

年幼的孩子在感到不被理解，被忽略，或者被父母限制的时候，经常会表现出“大情绪”（例如，哭、发怒）。当你的孩子表现出大情绪或者失控的时候，你可以做“开始了”的训练，帮助他回到正常的轨道。如果孩子的行为看起来是有目的性的，这通常说明他们需要以一种安全的方式，重新建立亲密关系和处理激烈的情绪。你的孩子可能需要你的帮助。

在开始“开始了”之前，要保证你是平静的，能够敏感地感受到孩子的需求，能够帮助他们感受到安全。如果你需要先平复自己的情绪，那么试着关怀自己的负面情绪，或者有意识地做几个深呼吸。当你平复自己时，你可能需要告诉你的孩子，你需要十秒钟的私人时间。

选择一个特定的“开始了”的地点。最好是一个舒适简单的地方，例如一个能够移动的椅子或者垫子，从而保证不会干扰其他的家庭成员。

在“开始了”地点，你和孩子可以坐到一起，观察情感的变化。

邀请你的孩子到“开始了”地点（如果他已经情绪失控了，害怕见到其他人，他可能需要一些帮助才能被引导到这个地点）。

要一直保持一种坚定、安全、温和的语调。

仔细地观察你的孩子。观察他们的行为。试着猜测他们行为背后的含义和情绪。到底发生了什么?

“开始了”允许孩子的情绪被我们“体验”和接纳。让你的孩子知道，你愿意帮助他们，你的爱意味着你会欢迎和接纳他们的情绪——即使是不好的情绪。

以一种共情的方式来控制局势。关注当前，保持敏感。这对你的孩子有一种镇定作用。

如果孩子被自己的情绪击倒了，他可能需要一些时间才能平复。

当你的孩子已经足够平静，帮助他描述他感觉到的情绪。你可能会说“你好像是在挣扎，与它们战斗……”或者“这看起来对你非常难，你生气/害怕/悲伤了吗”?

倾听他们的回答。承认和接受他们的回答（或者不回答）。

之后，谈一谈你的感受。用这样的句子:“当你做_____的时候，我感觉_____（情绪的名称）涌上我的心头。”不要期望他们会道歉，仅仅用一种真实的、非谴责性的语气表述你的感情。

当你的孩子考虑到这些事情间的联系，平静下来之后，帮助他们找到另一种活动，以此来改变他们的情绪，或者只是像往常一样继续一天的计划（就寝、上幼儿园、吃饭，等等）。

养育青少年

所有的孩子都能够从自我关怀中受益，而教给青少年这种技巧显得更为重要。在青春期，观点采择的认知能力有了很大的提高，即能够从他人的视角更好地看待自己。这种能力意味着，青春期的孩子更容易对自己进行自我评价和社会比较。青少年会问自己：“其他人怎么看我？我是否和其他人一样好？”这种评价和比较能够让青少年试着构建自我认同感，以及他们在社会等级中的地位。大部分青少年面临强大压力——不仅包括学业压力、如何融入同伴群体、如何提高性吸引力——表明青少年的自我评价通常是不满意的。

更为糟糕的是，青少年的内省通常会导致“个人传奇”，一种认知谬误，会让青少年相信他们的经历是独一无二的，其他人不可能理解他们身上发生的一切。还记得你第一次坠入爱河吗？我打赌你不可能认为你的父母也会有某些相似的体验。青少年很难理解共享的人类经历，因为他们还没有足够多的亲密关系，能够让他们意识到自己的思想和情感事实上不是独一无二的。他们都倾向于高估他们知道的信息，低估别人知道的信息，因为他们以为自己知道的就是世界的全部。正如马克·吐温所说：“当我十四岁时，我几乎不能忍受我父亲的愚蠢；当我二十一岁的时候，我只是觉得有些惊讶，这个老先生怎么会在短短的七年间学到这么多的东西。”我们的研究表明，青少年会在个人传奇之中摇摆，更少体验到自我关怀，因为他们不能认识到，他们的困难和失败仅仅是正常人生活中不可分割的一部分。

所有这些原因提示我们，教给青少年自我关怀是非常有价值的。当然，青少年在一开始可能会抵制自我关怀的观念，因为它听起来有点多愁善感。当你最喜欢的乐队是“汽油弹幽灵杀手”时，没有什么炫酷的。但是，当你解释说自我关怀和抱怨、自我怜悯、自我放纵不同，大多数青少年会表现出更浓厚的兴趣。（毕竟，“汽油弹幽灵杀手”的主唱在康复过程中也必须学习自我关怀，是不是？）谈一谈自尊和自我关怀之间的差异也是非常有必要的。考虑到青少年的日常经历，经常想到学校午餐厅中的情景会让他们感到害怕。为了应对这些问题，他们会努力让自己感到自己很特别或者高人一等。通过解释自我关怀是一种能使自己感觉良好的手段，而不需要让自己感觉比别人高一筹，你能够帮助青少年更容易理解自我关怀是一种看待自己更健康的方式。

我的故事：养育罗文

罗文的自闭症让鲁伯特和我在最初的几年中感到非常痛苦，我们的自我关怀训练让这种情形有了很大的改观。首先，我们会互相帮助，对于自己作为父母犯下的错给予自我关怀。如，在令人沮丧的一天之后，我可能会对罗文愤怒地大嚷，这让我感觉到非常内疚，鲁伯特会帮助我记起，我不可能在任何时候都能够完美地处理各种事情。之后，我会更容易接受我的挫折，如果罗文仍旧有些心烦，我会向他道歉，安抚他，重新开始。

或许最重要的是，鲁伯特和我保证，我们要成为成功的照顾者，我们不能停止满足自己的需要。我们意识到，除了照顾我们的孩子之外，还需要有一点自己的时间。不幸的是，我们的父母都住在城外。我们不能找到一个能够应对罗文的坏脾气、尿失禁的保姆。因此，我们制订了一个照顾计划。每周有一个晚上，我可以做我想做的事情，例如，去做冥想训练，上舞蹈课，和朋友喝一杯，或者去听音乐会。鲁伯特也一样，也有一个晚上可以自己支配。我们需要保证，我们给予自己的需求一些必要的关注，这会帮助我们放松和精神焕发，尤其是在照顾罗文的时候。

现在，罗文越来越大（他已经八岁了，到了写字的年龄），我们开始给他做自我关怀的示范，他也在慢慢地领会。自闭症的一个特征是“模仿言语”，指的是他们会有一种倾向，即直接重复其他人的话语。我把罗文的这个特征当作塑造他内部语言的一个机会，因此，当他不安的时候，经常会用到一些安慰的、自我关怀的话语。自闭症的孩子在处理挫折时会表现出很大的困难。如果罗文在自己的衣服上不小心洒了点水，这会引起他超乎异常的焦虑和痛苦。一旦痛苦的火车发动，就很难停止了。

在这种情况下，我会试着以一种易接受的、富于关怀的方式给他示范如何做出反应。“可怜的宝贝，你把水洒了，都弄湿了，你可能感到不安和挫折，没事的。现在你真的感觉很痛苦，是不是？”这会帮助他们学会接纳和确认自己当下的情绪。之后，我会试着让他们摆脱情绪的困扰，而不是继续执着于他们的错误。“我知道你现在感觉很糟糕，但是我已经给你把衣服换好了，现在一切都好了。真的不需要再为它哭了，我担心的是你让自己不开心，你想让自己悲伤还是快乐？”

我在这样问罗文时，有时罗文会说他想让自己悲伤，这时我会抱着他安慰他。“事情发生了，感到心烦也没事的。”但是，有时罗文会说“我想让自己快乐”。在这种情况下，我会试着帮助他发现快乐的事情，“你现在能不能告诉我一件值得高兴的事情？例如我们能够生活在一起，我们有两个很酷的豹纹壁虎，一个叫加里一号，另一个叫加里二号。”

但是，我们能真正掌握这种技巧是在一起去动物园的时候。那天早上，我经历了很多挫折（堵车、停车困难，等等），进入了一种糟糕的情绪状态。我在非洲野生动物展览区前面抱怨了几分钟后，罗文转过来说：“没事的，妈妈，你想让自己悲伤还是快乐？”我想我可能是一个明智、成熟的成年人了！尽管一开始有些吃惊，我还是认识到他是对的！那是美好的一天，我心爱的儿子宽慰了我糟糕的情绪。自我关怀的信息看来是可以相互传递的。

11 性与爱

爱需要想象的滋养，爱能让我们变得比我们知道的更睿智，比我们感觉到的更良好，比我们真实的自我更高尚。通过爱，我们能把生活看成一个整体；通过爱，仅仅通过爱，我们能够以真实的、理想的关系看待他人。

——奥斯卡·王尔德（Oscar Wilde）

《深渊书简》（*De Profundis*）

自我关怀不仅能帮助我们成为更好的父母和照顾者，还能提升我们的性爱生活。当我们放下自私自利的追求——以积极的自我评价结束我们的妄想——我们对他人爱的渴望只会得到加强。拥抱真实的生活，允许生命力在我们身上任意流淌，我们的激情能够达到一个新的、令人惊叹的高度。

爱的传奇

想发现一个能满足我们深层次内心需求的浪漫关系，其中的一个挑战是——让我们依赖的关系满足我们内心深处的需求。我们充满喜悦地坠入爱河，部分原因是因为爱让我们感觉自己被另一个人所接纳和理解，感受到自我的价值。我们的恋人喜欢我们的缺点，爱我们的全部，或许我们的缺点也不是如此的坏。当然，真实的情况是，在另一个人眼中看到我们自己美好的东西，真是一个美好的礼物。但是，如果我们仅仅依赖于伴侣对我们的好印象而对自己感觉良好的话，迟早有一天我们会猛然醒悟。最终，即使是最浪漫的爱情，魅力也会开始缩减，我们的伴侣不仅会意识到一些他并不期待发生于我们之间的事，而且他们还会让我们知道。在结婚典礼上，鲁伯特的父亲告诉我们："别担心，婚姻的前四十年是比较棘手的，但是之后便会一帆风顺。"是的，为了增加幽默的效果，他可能有些夸大了，但是我们不能否认，夫妻关系的处理确实困难重重。

我们不能指望伴侣让自己感觉良好，因为对自己真心的认可必须来自我们内心。尽管伴侣的爱和接纳对我们有所帮助，但是，我们太容易把他人的赞许作为错位的"美好事物"而抛弃。你可能会对自己说，我的伴侣爱我，但是他没有看到真实的我。他没有听到我头脑中卑鄙、渺小的思想。如果他看到了真实的我，他就不会再认为我是那么好了。

我有一个同事，名字叫黛安（Diane），她感觉和她的伴侣在一起非常痛苦。她的同居男友叫埃里克（Eric）。从许多方面来看，埃里克的爱和支持是她行为的动力。但是，黛安认为，埃里克对她的好印象主要是因为他根本不了解她。她经常评判和批评自己，假定如果她在埃里克面前展示了真实的自己，他也会批判自己的。黛安最不喜欢自己的是她有很强的控制欲，一点也不能放松。

黛安对埃里克很崇拜，和他在一起时，总是尽可能地表现出放松的状态，因为她不想让他意识到，她实际上是一个"固执的暴君"。埃里克是一个无拘无束的大男孩，这也是黛安比较喜欢他的原因之一。具有讽刺意味的是，埃里克无拘无束的特质经常诱发黛安的控制欲。他经常忘记一些小事情，例如，在经过便利店时忘记黛安让他买的牛奶，或者进入浴室后忘记关马桶盖，在草坪像热带丛林之前总是忘记修剪，等等。埃里克是一个梦想家，他的行为经常是发散的、不集中的，这让黛安几乎疯掉了。

在他们一起生活了两年之后，黛安和埃里克的争吵越来越多。并不仅仅是为埃里克的健忘行为感到烦恼，她开始对他产生恶意的愤怒。她开始用不负责任、懒惰、不成熟这类词汇来形容他。如果不是埃里克深爱着她，他可能早就厌倦了这些批评，离开她了。他没有离开，因为他想知道到底发生了什么。

在经过几次长谈之后，他很快就清楚了黛安的控制欲实际来自恐惧。在她十六岁拿到驾照之后不久，她载着几个朋友到海边玩。黛安在一个弯道打方向盘时打过了头，车子翻了三个跟头才停下来。她的一个最好的朋友差点儿因此丢了性命。她几乎崩溃了，她要确保以后不再发生任何不好的事情。她会试着控制生活中的每一件事，只有这样才能感觉到安全。但是，她不会去关怀自己的控制倾向，她的本能是批判自己为什么如此固执，或者批判埃里克为什么如此不小心——或者两者都有。

一旦埃里克知道了引起她行为的原因之后，他能够帮助她更为有效地处理自己的情绪。埃里克涉足佛教和一些东方传统文化的知识，理解自我关怀的价值。他意识到，这是黛安最需要的。当他看到黛安紧张和生气，有时候甚至会有很多批判性的攻击行为时，他会提醒她去体验行为背后的情感。“你的不安是因为你害怕失控？为什么不拿一点儿时间给予自己一点儿关怀，之后我们再讨论发生了什么。”

开始听起来确实有点儿古怪，黛安开始越来越多地进行自我关怀的练习，用她的愤怒情感作为提示，她需要温和地、宽容地对待自己，理解自己。只要她感觉控制欲在自己体内上升，她就会用富有关怀心的、安慰的话来平复自己。“我知道，你有这种感觉是因为当你最要好的朋友有生命危险的时候你是那么的害怕，这是可以理解的。现在的情形对你来说确实非常艰难。”只要她一改变对自己的态度，她就会发现，躁动的情绪开始平静下来。她变得更为相信他人，更为放松。

在这种新的模式建立起来的几个月之后，黛安和埃里克的争吵少了很多。黛安最后让她自己认识到埃里克确实爱真实的她，而且她也值得埃里克的爱。埃里克开始变得更为负责任了——他不想让黛安经历任何不必要的痛苦。他们的自我关怀练习还在继续，他们的关系比以前好了很多。他们甚至开始讨论结婚的话题了（如果他们结婚，婚礼事宜一定是让黛安来安排）。

练习一
识别你的关系模式

想一想你目前的恋爱关系。你最强烈的情绪感受是什么？你很容易受伤吗？你会马上得出结论说你的伴侣不关心你吗？假定你的伴侣离开你，你会感到焦虑吗？在恋爱关系中，几乎每个人都有一个核心的问题会导致他们过度反应。伴侣的行为表现就像是增加了船的负载，导致事情变得难以控制。我们容易感到恐惧，这种恐惧主要是来自以往亲密关系的失败。尽管伴侣的爱和支持能够帮助我们治疗这些恐惧，但是更为直接的治疗来自我们内心。

你们下一步要做的是，试着搞清楚到底发生了什么？不要马上谴责你的伴侣，而是试着去评价其在多大程度上是出于恐惧，给自己一个自我关怀的机会。例如，如果你感觉到自己受到了伤害，试着去体验这种感觉，完全接纳你自己的过度反应。集中注意力用自我仁慈来平复你的伤痛，让自己意识到，所有的人都会有这样或那样的情绪创伤（这需要自我关怀来解决）。

不要依赖自己的伴侣、让他们给予你所需，先试着自我满足自己的需要，认清自己在追求什么（别人的肯定、关爱还是支持，等等），看看自我关怀是否能够帮助你得到你所需要的。这会帮助你的伴侣减轻压力，成为一个善解人意的人，并以一种你认为合适的方式做出反应。当你学会通过自我关怀来处理你的问题时，你最终会发现，问题会慢慢变少。只要你给予它们照料和关注，创伤就会得到治愈。

关系动力学

心理学家约翰·戈特曼（John Gottman）在恋爱关系领域是一个世界级的顶尖专家。他认为，他能够根据情侣在冲突情景中的交互模式辨别出一对情侣是否会分手，而且准确率高达91%。关键不是情侣间是否发生冲突（几乎所有情侣都发生冲突），而是冲突是如何发生的。在冲突中有四种主要的问题行为——戈特曼称为“冲突中的四骑士”。按照重要程度，它们分别是：批评、蔑视、防御、回避。如果人们在冲突中严厉地批评他们的伴侣，表现出厌恶和蔑视（翻白眼，讽刺和挖苦，等等），过度的自我防御，指责伴侣的问题，进入一种冷战状态（忽略了伴侣，停止了相互间的沟通），我们可以预知他们不会有圆满的结果。幸运的是，戈特曼还识别出了一些因素，这些因素会预测快乐、稳定的亲密关系。如果一对夫妇在冲突中表现出下面任意一种积极情绪——一个友好的目光、感情流露的小举动、道歉和微笑——他们的关系有可能会更持久。

在关系冲突中，自我关怀倾向于诱发一些积极的而不是消极的情绪。当我们为自己的情侣关系而感到不安时，自我关怀允许我们去平复自己强烈的情绪，让我们能够更好地驾驭那四匹马。如果我们感觉到安全，能够承认我们自己在争论中的角色，那么我们会表现出更少的批评、蔑视和自我防御。自我关怀还能够提供平静的环境，能够让我们理智地去讨论亲密关系中的核心问题，即它能够减少冷战。在冲突过程中，自我关怀会让我们的心灵变得更柔软，让我们更容易接近我们自己对伴侣的情感，促进积极情绪的表达。因为自我关怀让我们轻松地对待自我，有时我们甚至能在自己的过激反应中发现幽默的片段。

我记得有一次和鲁伯特争吵的时候，说了这样一句话“饶了我吧”，和我母亲说话的语气非常类似，同样带着挖苦和讽刺的意味。在母亲生气的时候，经常会蹦出这句话。我们互相对视了一下，突然都笑了，冷静下来承认了我们的坏习惯。不用说，这个冲突的解决就变得非常容易了。

在解决冲突时，自我关怀还能够以另外一种方式起作用。恋人间的争吵经常来自这样的情形，每个人都想让对方承认自己的观点。如果我们讨论到如何看待有问题的亲密关系，鲁伯特不会承认我的感觉是怎样的，他只是在陈述他自己的那套观点，而我几乎听而不闻。记得有一次我感到心烦是因为他已经花了三个周末在骑马运动上（和他的朋友在一起，马是他的最爱），我让他下个周末不要去骑马了，因为我想和他有更多的时间在一起。他没有承认让我心烦的事实，他告诉我他是如何看待这件事的。“但是，你知道我是多么喜欢骑马，慷慨一点儿嘛，而且，现在是骑马最好的季节。”因为我觉得鲁伯特没有重视我的感受，我的反应开始有些控制不住：“你看到了吗？我有这种感觉是非常合理的。”我可能还会说：“但是，我们一家人从来没有花时间在一起待过！”（即使我们上个月刚刚度过了一周的家庭假期。）这样的反应会让他抓狂的：“你总是夸大其词，你从来不会考虑到我的需求和感受！”愤怒和谴责的语调让我们很难走到相互理解的轨道上。

关系咨询师给每一对伴侣的忠告是：在表达你自己的观点之前，先承认和体验另一半的情绪。“我知道，你喜欢骑马，想在湿热的季节开始之前多做一些这样的运动，但是当你离开的时候，我感到很寂寞，下个周末你能花点儿时间和我们待在一起吗？”“我能够理解当我和朋友们一起骑马时，你感受到了冷落；但是，这对我真的非常重要，天气一热起来我就不会像现在这样频繁去了。”但是，很多时候，我们很难有这样的反应模式，我们很难真正去聆听对方的情绪反应。如果我们都等着对方给予我们自己所需，我们可能要等待很长时间。这个时候，恰恰是自我关怀起作用的时候。

如果你能够带着关怀心去承认自己的情感，温和地提醒自己，感受到这种情绪是很自然的事情，你不需要那么大声地去说。你可以告诉自己，你现在真正想听到的是什么：“真对不起，你现在感觉受到了伤害，感受到了挫折，我有什么能帮你做的吗？”之后，你一旦开始感受到被接纳、被关爱，你就会进入一个更好的状态，去聆听你配偶在说什么，从他/她的视角去看问题。没有了动力之源，冲突的发动机很快就会冷静下来。

自我关怀对关系的益处

有研究表明，自我关怀真的会提高亲密关系的质量。我们最近开展了一项研究，有超过一百对情侣参加，研究测量每个伴侣的自我关怀水平，问他们对自己的亲密关系是否满意，幸福程度如何。我们还会让被试者描述另一半在亲密关系中的行为模式。你关心照顾另一半吗？你敏感吗？你会控制你的另一半吗？你对他们要求苛刻吗？你会动不动就生气吗？你能直率地把话说出来吗？这些问题的答案能够让我们看到，高自我关怀的人是否会有更好的亲密关系，他们的伴侣是否把他们描述为一个富有爱心的、支持和体贴他/她们的人。

我们还会评估被试者的自尊水平，我们认为高自尊的人不一定比低自尊的人有更好的伴侣关系。当他们的自尊受到伴侣的威胁时，他们会愤怒、妒忌，并进行自我防御，这种模式是许多不良关系的根本所在。当自尊以自恋的形式出现时，经常会导致自私自利、自我中心、患得患失——根本不是保持幸福的关键因素。

我们的研究结果表明，和低自我关怀的人相比，高自我关怀的人确实会有更为满意、更为幸福的亲密关系。主要是因为自我关怀的被试者通常会被他们的伴侣描述为更容易接纳的人，更少去评判他们。自我关怀高的被试者不会去试着改变他们的伴侣，而是倾向于尊重伴侣的意见，会考虑到他/她们的视角。和低自我关怀的被试者相比，他/她们还会被描述为：更加富有关怀心、更富有感情、更亲密、更愿意讨论感情问题。同时，高自我关怀的被试者通常被自己的伴侣描述为：给予他/她们更多自由、更多的自主性。他/她们倾向于鼓励伴侣自己做出决定，追求他们自己的兴趣。相反，缺乏自我关怀的被试者则被伴侣描述为：对自己的伴侣比较挑剔，缺乏关爱和感情。他们的控制欲更强，总是去命令和支配他/她们的伴侣。他/她们还会被描述为更以自我为中心，缺乏灵活性，顽固地要求每件事情都要按照自己的方式进行。

有一点需要指出，高自尊对亲密关系的作用并不大。高自尊和幸福、健康并没有多少联系。在亲密关系中，高自尊的被试者并没有被他们的伴侣描述为：更容易接纳、更关心他人、更富有支持性。换句话说，我们的研究结果表明，在培养一个良好的亲密关系时，自我关怀扮演了重要的角色，但是高自尊则不一定会有什么帮助。自我关怀培养了两个人之间的亲密感，自己和他人的需求得到了平衡和整合。但是，高自尊则更以自我为中心，放大了自己和他人之间需求的距离感和竞争感。

为了在你和他人之间建立一种亲密的、连续的关系，首先，你需要亲近自己。当你遇到人类生活中的种种限制，通过自我关爱、自我支持，你可以获得强大的情绪资源，从而去关爱、支持你的另一半。通过满足我们自己对爱和支持的需求，你会感到更充实。如果能够接受这个事实——你或你与他人的关系不可能是完美的，你就会去享受你与他人的关系，而不是拿它和很多理想模式去比较。例如，灰姑娘遇到王子的童话故事，事实上根本不存在。自我关怀会用爱去包容缺陷，会给浪漫提供肥沃的土壤，让它们茁壮成长。

我的故事：我答应帮助你关怀自己

正如我前面提到的，当鲁伯特和我结婚的时候，我们相互间有一个誓约，互相帮助对方培养自我关怀。这不是一个空洞的誓言，而是一系列的实际行动。我们制定了一些具体的步骤帮助我们提高自我关怀。我们发现有一个练习特别有效，在争吵中的“即时自我关怀”。这种自我关怀只花费片刻的时间，就像中场休息一样，提供一个空间，让我们能够冷静下来，而且还能够让我们给予自己关怀，关怀自己强加给自己的困难处境。这种练习特别有帮助。原因之一是，它可以帮助双方安慰受伤的自我，是保护我们自尊的有效工具。

我记得有一个典型的例子，当鲁伯特和他的朋友讨论问题的时候，我总是不断地打断他们的谈话，这让他感到很愤怒。具体的经过是这样的，英国政府曾经提出了一个议案，要禁止猎狐（这个议案在2004年的时候通过了），鲁伯特是一个骑马发烧友，酷爱运动，而我是一个素食主义者。不用说，我们在这个问题上有着很大的分歧。问题不是我要表达自己的观点，而是我不停地打断他说话，他几乎不能表达自己的意见。在朋友回家后，鲁伯特温和地指责我不应该连续地打断他说话，我不仅没有礼貌地道歉，而且说鲁伯特的观点是愚蠢的，需要得到纠正。事后回想，我能够看到，当时我感觉非常羞愧，不能接纳自己不礼貌的事实，因此才不断地打断他，即使我确实认为猎狐是很残忍的。因此，为了拯救我的自尊，我把问题归咎于更为自我谄媚的话题上：事实上我是对的，鲁伯特是错的。当然，这只会让事情变得更糟，鲁伯特的感觉非常糟糕，不仅在朋友面前颜面尽失，而且还受到了自己妻子的侮辱。事情开始升温。

幸运的是，在事情还没有发展到无法控制的时候，我们使用了“即时自我关怀”。我们俩闭眼待了几分钟，给予我们自己关怀。我意识到，我们只是想表达对某一主题的观点。我并不想让鲁伯特闭嘴，只是有些过于激动了。一旦我们防御性的姿态缓和下来，而我宽恕了我自己的不礼貌行为，我就能够向鲁伯特道歉。“你是对的。我真的不该粗鲁地打断你的谈话，这一定让你感觉非常沮丧，我向你道歉，尽管我仍然不能同意你的观点。公平起见，你也应该谈一谈我没有考虑到的正确的观点。”

对于鲁伯特而言，他也在给予自己关怀，平复自己的沮丧情绪；因此，当我承认他的感受，确认他的观点时，他已经准备好接受我的道歉了。他觉得他已经不需要自我防御了，在被自我关怀抚慰之后，他进入了一种更为包容的状态。事实上，他承认我的观点中有很多是有道理、有根据的。最后，我们对猎狐的优缺点进行了富有成效的讨论。这让我们对这个话题比以前有了更多的共识。事实上，在那一年之后，鲁伯特就放弃了猎狐运动，而且不是为了安抚我。自我关怀的训练让他更为关怀狐狸，而不是他所生活过的文化环境（他还是会骑马跨栏，穿过乡村的小道，但是不会进入“是否打猎”的道德困境）。

有时我和鲁伯特之间出现的冲突，问题不仅仅是自我的创伤，有时会更为深入，可能是一个抽象的道德概念，例如你是否能够接受猎狐行为。大部分人在解决关系问题时所使用的方式没有什么积极的作用，这些模式大多是在幼儿早期对创伤应对过程中形成的。例如，我自己的模式我称之为“受伤的小女孩儿”。因为小时候，我觉得父亲遗弃了我，在我和男朋友相处的关系中，很容易体验到受伤和被遗弃的感觉。这种模式在我和鲁伯特相处的前几年经常出现。我前面提到过，我在印度开展博士论文研究的时候遇到了鲁伯特。当时，鲁伯特是一个旅游指南的作家，他正在搜集印度南部的旅游信息。我们结婚之后，他继续给旅游杂志写文章维持生活。尽管我知道鲁伯特需要这份工作，而且也知道这种工作需要经常离开家；但是当他接到一个新任务外出时，我还是会有一种被遗弃的感觉。他走的时候我会噘嘴不高兴，当他回来的时候我会愤怒，不想说话，被伤害和遗弃的感觉统统挂在脸上。

比较起来，鲁伯特的童年模式，他称为“受到不公正对待的小男孩儿”。他大多数的童年伤痛来自私立学校英国教师对他的苛刻管教。比如说，当他数学考试拿了一个比较差的分数，老师会在公开的场合羞辱他，不让他上最喜欢的历史课——尽管他这门课成绩非常好——以此作为对他的惩罚。因为老师经常为难他，其他的孩子也经常会去欺负他，似乎觉得捉弄他没关系。这种不公平的对待所带来的压力对他的影响非常坏，以至于他在十一岁的时候就几乎精神崩溃了，在床上躺了三个多月。我每次伤害到他，鲁伯特都必须进行一次商业旅行——旅行非常有必要，能够为我们夫妻提供一些帮助——这种伤害会引发他不公正对待的体验。“太不公平了！”在我伤害到他的时候，鲁伯特不是去减轻我的不安全感，而是倾向于更为愤怒和不安。从他的立场来看，我的反应是对他的一种直接的批评——而且是一种不公正的批评，他没有做错任何事。像我一样，他的情感经历也是以一种夸张的形式爆发的，我们的过度反应都根源于童年伤痛，这种伤痛比一般外部疼痛要更为深刻。

幸运的是，我和鲁伯特进行过自我关怀的训练，我们最终能够打破这种童年伤痛形成的锁链环。解决这个问题确实非常有挑战性，我们这种互补的模式意味着，我们会同时进入一种非理性的动荡状态中，但是，只要我们中有一个人能提醒自己开始进行自我关怀练习，推动我们消极行为反应的引擎就开始失去动力。受伤的小女孩儿能够体会到被关爱、接纳，满足了自己的需要，我能够意识到我不是真正地被抛弃。同样，鲁伯特这个“受到不公正对待的小男孩儿”也会开始感到平静，能够驱散愤怒，能够意识到我的反应事实上不是个人批判。一旦我们能够用一种关怀的方式去对待我们的童年，就能够把精力集中到当前发生的事情上，冲突的解决就变得非常容易。我们互相帮助对方进行自我关怀训练的誓言是我们做过的最正确的一件事。

练习二
即时自我关怀

如果下一次你和你的伴侣发生了激烈的争执，你可以试着进行一次自我关怀的练习。如果你们俩都同意是最好的了，即使你的伴侣不同意，在冲突的时候拿出一点时间来给予自己关怀一样非常有用。最难的是要在争执过程中保持清醒的意识，要留出间歇时间，进行自我关怀练习。在我们投入到激烈的争吵中后，其他的信息很难进入我们的意识。可是，通过训练，你可以把痛苦作为一个自我提示：你需要进行自我关怀练习了。

在这种情况下，你可以找个地方独自一个人待几分钟（如果需要，浴室也可以）。要做的第一件事情是暂停你们之间的冲突和争执，你现在的任务只是通过确认自己的情绪来平复你不安的状态。告诉你自己：“现在的情况真的很难应付。”（再来一次，自我关怀的仪式性语言在这里可能是比较有用的。）引起冲突的一个关键因素是：每个人都想陈述自己的观点，而另一个人根本不去认同它，甚至听不进去。每个人从另一半的愤怒情绪中感受不到任何爱与接纳的信息。因此，要先听一听自己内心的声音，确认自己的状态。要先接纳和关爱自己。这样有助于削弱你的情绪反应，让自己进入一种平和的意识状态。

一旦这个练习结束，你就能和你的另一半进行建设性的互动了。如果你可以，试着至少向你的伴侣做一个积极的回应——一个笑话、一个微笑、一句温暖的话语，或者是向他/她表达你理解了他/她。这些会帮助你转移冲突的视线，让你们进入一种更为理性的讨论。

自我关怀给予了亲密关系非常大的支持。当我们停止依赖我们的伴侣，通过满足自己的需求——给予自己所需的爱和接纳——我们会变得更独立、更满足。当我们认识到，我们只是芸芸众生中的一分子，就能够接纳我们的缺点，通过平静地、清晰地讨论这些事情，通过友善地、温和地对待自己，我们能与自己的另一半进入一个更好的情绪状态。

两性中的自我关怀

自我关怀不仅能够促进我们的亲密关系，还能够改善我们的性生活。性是我们感受活力、热情和亲密关系的绝好渠道。它也是成年人最令人愉悦的活动之一。为什么谈到性的时候，我们的社会有这么多的限制？即使现在社会中性爱的影像无处不在，但是人们还是很难以一种开放的、诚实的心态来对待性问题。特别是对于女性来说，性和羞耻是紧密地联系在一起的。即使对20世纪60年代性解放之后出生的人来说，社会的主流仍然认为：女性的自我价值体现在她们保持性纯洁的能力上。一个女性直率地去享受性生活——上帝不容——欲望很强的女性被称之为……我们都知道她叫什么。

当然，现在没有以前那么糟糕了。当一个女性结婚后，就不再需要保持处女之身。但是，还是会有双重标准。人们可能会管有多个性伴侣的男性叫猛男，而女性会因为同样的事情受到谴责。女性当中，几乎没有因为性而感到自豪的角色模型。《欲望都市》（*Sex in the City*）中的萨曼莎（Samantha）是一个比较好的例子。什么时候和她刚刚开始约会的男友发生性关系？她的观点是："不要和男的玩'欲擒故纵'的游戏，要直奔主题。"萨曼莎有些奇特的地方，因为她敢于庆祝那些经常发生在她身上的糟糕的事情。

从另一方面来讲，一个女性和一个男性在第一次约会就发生性关系，可能主要是因为她想让他喜欢上她，不是因为这反映她真实的性欲望，事实上，这会贬低自己的价值。如果一个女性的自我价值感主要来自她所获得的唏嘘、尖叫声，等于是她把自己看扁了，因为她的自我价值取决于外界怎么看她，而不是来自她的内心。把性当作一个获取自尊的工具，可能会导致比较糟糕的结局，会让你变得更加脆弱。"为什么不给我回电话？难道是我不够好吗？"

当说到性和自我价值时，青春期的女孩子会面临一个艰巨的挑战。一方面，在我们这个社会，青春期表现出越来越多的性特征。在任何一个商场逛一圈，你都会看到很多女生的丁字裤已经从低腰的牛仔裤中露出来了，她们文胸的吊带在纸一样薄的T恤衫下清晰可见。不仅仅是青少年，《如此性感，如此的早》（*So Sexy,So Soon*）一书的作者，戴安·莱文（Diane Levin）和简·基尔伯恩（Jean Kilbourne）的说法是，即使未至青春期，女孩子也在穿迷你超短裙、丁字裤、有衬垫的胸罩。这是一个什么信号？你的价值来自你得到了什么，如果你得到了，你就可以炫耀了。年轻人听的音乐也在不断地强化这种观念，女孩子主要是性的目标。和性有关的歌曲中，大约有三分之二的比重带有贬低女性的内容。就像阴阳双胞胎（Ying Yang

Twins）的一首歌中唱的：“他们说闭紧嘴巴不能吃饱。因此，我不介意想要一个‘头’。你知道我说的是什么，我们需要在床上行事。”一般的青少年几乎每天都要听一两个小时这样的歌曲。

对于一些年轻的女士，性本身已经变得没有什么意义。劳拉·塞逊斯·斯坦普（Laura Sessions Stepp）在她的一部著作《解开》（*Unhooked*）中描述道，在许多高中和大学里，男女之间的结合变得如此正常；在一个长期的亲密关系中，对性的需求不再是一件非常“酷”的事情。为了应对猖獗的厌女症，有些女孩子的反应比较温和。“在他们让你心烦之前，有时我只想先让他们心烦意乱。”斯坦普描述了一个名叫尼科尔（Nicole）的女孩儿的故事。有个男人给她发了一条短消息要求见面，之后，她和这个男人在他的房间发生了性关系。“几个小时之后，当她准备离开时，他问她：‘我们在做什么？’……‘我们什么都没做，’她说，‘我得到了我想要的。’”

与此同时，性规范也变得越来越宽松，相反的趋势也开始出现。如果你仔细看，你会看到在商场里很多年轻的女孩穿着高筒靴，戴着贞节戒指。大约有四分之一的青春期女孩（大约六分之一的青春期男孩）会努力保持禁欲，直到他们结婚。有些人在事业上的成功也得益于贞洁的形象，如布兰妮·斯皮尔斯（Britney Spears）、杰西卡·辛普森（Jessica Simpson）、波姬·小丝（Brooke Shields）。这些年轻的明星变得大红大紫很大的原因是她们会尽量多地露出自己的肌肤，做出各种挑逗性的动作，却又不断地赞美贞节的重要性。这种对性有冲突意味的信息对社会并不是没有影响。几个大样本的研究发现，有些追求贞节的年轻人和那些放纵的人一样需要婚前性行为，只是，他们很少用到安全套，她们更可能用肛交和口交（技术上讲，这已经无关紧要）。

有一点不足为奇，在我们社会中的女孩和女人对性很难有健康的认知和行为模式。我们或因为性欲太强，或因为性欲太弱而感到羞愧。

自我关怀能够帮助我们发展出一个更为健康的、更为真实的性活动模式。首要的也是最重要的，我们对自己的性活动要持一种支持的态度，细心呵护——不管它以什么形式出现——我们不能成为性羞愧的牺牲品。我们不必根据社会的性规范去评判自己。有些人是异性恋，有些是同性恋，有些是双性恋，另外一些是尝试性取向者（“我会尝试任何对象”）。有些人性欲比较旺盛，总是需要，有些人只是偶尔需要。有些人一直保持处女/男之身，直到他们结婚，有些人则不是。有些人一生独身，有些人一生只结一次婚，有些人结多次婚，有些人一夫多妻。有些夫妇之间的爱是柏拉图式的，他们之间没有性行为。对于个人和夫妻而言，只要谈到性，没有对错，只有健康与否。当我们否认我们的人性——性欲一定是位于我们的人性中心——我们不可能有一个健康的性关系。因此，我们也不会有健康的亲密关系。幸福感不可能在谎言中成长。

但是，当我们给予自己关怀时，当我们能够关爱和照顾自己时，我们不会受社会对男人与女人在性方面的狭隘界定。我们开始接受和关爱真实的自己，用我们最喜欢的方式表达我们的性观念和性态度。大卫·尼蒙斯（David Nimmons）曾经写过一本书《内心深处的灵魂：男同性恋者不被发现的内心和习惯》（*The Soul Beneath the Skin:The Unseen Hearts and Habits of Gay Men*），书中指出，男同性恋者在性这方面可能是最自由的。因为他们必须踢开社会传统，他们更有可能在他们的圈子中找到支持，发现性爱的真实，不管它们是以什么形式出现的。

当两个人的灵魂结合到一起时，最重要的是尊重我们的激情和活力。有时候，某种行为对一个人来说可能是正确的，对另外一个人可能是错误的，因此我们不应该期望所有人都遵循某个“可接受”的、唯一的、固定的性活动模式。我们在性活动方面所做的决定来源于内心对快乐的渴望，而不是来自社会的压力，或者是伴侣的认可。

练习三
释放性带来的羞耻感

诚实、快乐地看待性。不管你的性感觉如何，你都能全部接受吗？你为这些事情感到过羞耻吗？你因为这些事情评判过自己吗？首先，如果你曾经对性经历有过自我评判，你应该给予自己关怀。让我们意识到，几乎所有的人都有过性想法和性体验，他们也会为此感到羞愧，把这种经历当作人类的共享体验。试着不要去进行自我谴责，要给予自己关怀，关怀自己在这个冲突、混乱的社会中作为性存在所面临的困难。

另外，有一点很重要，你在性方面的消极体验是否来自你对自己的伤害，还是来自社会传统。你感到羞愧的主要原因是因为大的社会文化背景告诉你，你不应该是这样的吗？或者是你感到你的性活动不健康，你很后悔自己的性冲动给自己和他人带来了伤害？在你思考自己的性自我时，试着确定真实的你是怎样的。记住，所有的人类个体在性方面都是有个体差异的，但是，有一件事我们是一致的——在生活中的某些时候，我们中的有些人会感受到痛苦，因为我们的性活动与社会传统相冲突。如果你想改变自己的性生活，要确保你的决定来自自己的内心深处，让自己健康和快乐。真实的性活动意味着你要接受和确认你所有的性体验，实现你的愿望，帮助你成长和成熟。

当我们接受我们的身体、我们的性活动——友好地拥抱自己——我们可以直接提升性反应能力。尽管这是一个比较新的研究领域，但一些证据已经表明，自我关怀高的女性更关心她们的身体。有一项研究让女大学生参加十五周的静观训练课程。研究者发现，和控制组相比，静观训练组被试者的自我关怀水平有了显著的提高——这和以往的研究一致。而且，结果还显示，随着自我关怀程度的增高，对于性感的识别变快了。当给她们看性感图片时，自我关怀高的女性能更快地意识到她们是否已经性唤起了。这一结果表明，自我关怀能够帮助女性更容易理解她们的身体，更熟悉和理解她们的性活动。

自我关怀还能够通过另外一种方式改善我们的性生活。它能帮助我们治愈童年的创伤。这个问题在女性身上尤其明显。考虑到整个社会中的婚姻几乎有一半以失败而告终，离异家庭中的大部分孩子都是由单亲妈妈抚养，许许多多的女孩子在成长过程中得不到父亲的爱和关注。因为爱缺失而出现的“受伤的小女孩儿”模式非常普遍。我知道，在这一点上我一点也不孤单。可是，我还知道，这种模式会干扰我们的性亲密关系。因为，性会打开我们的心灵和精神之门，它也能打开我们的旧伤口（如果我们没有感受到足够多的爱）。

我的故事：性治疗

我还记得和鲁伯特早期发生性关系时的情景。有时，我发现自己莫名其妙地从性女神转化成了受伤的小女孩儿，也就一眨眼的工夫，激情突然变成了悲伤的抽泣，一点儿准备都没有。这至少让鲁伯特感到非常不安。就好像通过爱和亲密的关系，不被爱和被抛弃的旧伤痛感受到了安全，以至于突破了我们的意识知觉。因为我们有过自我关怀的训练，我们试着利用这些机会进行创伤治疗。在鲁伯特的鼓励下，我没有因为自己不性感的行为而感到羞愧，我能够把注意力集中到当时所经受的伤痛上，希望减轻这种伤痛。我们俩都把注意力集中到我们各自的创伤性自我上，平复和安抚自己的情绪，关怀嵌入我们内心深处的伤疤中。几个月的时间里，这种治疗经常发生，上帝保佑，鲁伯特一直在全心全力去支持整个过程。

发生的事情听起来有些奇怪，只能够在一个隐喻的水平进行解释，但是，我们做爱的时候把注意力集中到治疗“受伤的小女孩儿”身上，感觉就好像我们正在治疗无数女性的伤痛一样。我能清晰地看到，这些女性从我们面前走过，带着轻松和解脱；我能够深深地感受到过去她们所经历到的伤痛。被压抑，被虐待，被贬损，被剥夺，被遗弃：如此多的灵魂需要治疗。当我们把自己的目标指向解脱这些受伤的灵魂时，鲁伯特和我就进入了一种入定的状态，通过关怀的力量，转化这些伤痛——包括我们自己的，也包括数不清的其他人的。在我们进行这种有意识的治疗几个月之后，“受伤女人”的心理图像已经一去不复返了。这个糟糕的恶性循环结束了，治疗完成了。令人惊奇的是，“受伤的小女孩儿”再也没有光顾过我们的卧室，因为她确信了自己曾被和正被爱着（幸运的是，性爱女神还是时不时会出现）。

V

PART

自我关怀之喜悦

12 化蛹成蝶

悲哀的创痕在你身上刻得越深，你越能接受更多的欢乐。你那盛酒的杯子，不正是那曾在陶工的窑中燃烧的坯子吗？

——卡里·纪伯伦（Kahlil Gibran）

《先知》（*The Prophet*）

自我关怀的确可以从根本上改变我们的心理与情绪状态，就像古代的炼金术师，寻找魔法石来将铅变成金子一样，我们可以利用自我关怀将痛苦转变为喜悦。改变那些导致我们不完美或痛苦体验的生活方式，确实可以改善我们的生活体验。即使我们竭尽所能，也无法使生活按照我们想要的轨道前进，意外的和令人讨厌的事情每天都在发生着。然而，当我们将痛苦和悲伤包裹在自我关怀的茧衣中时，一些奇妙的、雅致的和美好的体验就会涌入心扉。

敞开心胸

自我关怀使人敞开心胸，从而改变我们的生活方式。那么敞开心胸是什么意思呢？你也许会说，这只是生活中常用的词汇而已。那么它究竟意味着什么呢？敞开心胸是一种情绪状态，在这种状态下，消极的情绪体验可能与关怀、照顾同时并存。当我们亲吻儿童受伤的手指，或感情投入地聆听亲密朋友诉说他们的苦难时，我们体验到了关怀，换句话说，我们体验到了弥漫于内心的一种温暖，这种感觉让我们体验到了敞开心胸的感觉。这种感觉棒极了！那么它是如何让我们体验到敞开心胸的感觉呢？当关怀的气息在血液里流淌时，我们会有"同病相怜"、"充满生机和活力"等体验不断地注入体内，一些新的体验（如爱、勇气和无限的活力）也会随之而来。

相反，关闭心胸会使我们对生活中的痛苦无动于衷。当我们关闭了疼痛，我们也就关闭了自己。消极情绪所引起的不堪重负的恐惧心理让我们对任何事情都感到麻木，郁结于心。保护我们自己心理不受损害所付出的代价是，不得不切断我们自己的生命线。我们会感觉冷酷、空虚、悲伤和深深的不满。当消极的自我判断引起痛苦体验时，当感觉自身不够优秀和完美时，我们的心胸就会关闭。因为自身的不足和不完善会使人们变得冷酷无情，因而大多数情况下人们会把这种消极情绪体验排除在我们的心门之外。

幸运的是，当我们对有缺陷的人报以关怀时，一切都变了。若我们对自身的痛苦报以仁慈和怜悯，对生活中的缺憾报以宽容和抚慰，那么我们就创造了积极的情绪体验，而且这种情绪体验是先前从未有过的。相对于先前只是体验到了缺憾，我们此时不仅体验到了缺憾，而且更体验到了对这一人类共同经历的同病相怜；相对于先前只是体验到了悲伤，我们此时不仅体验到了悲伤，还体验到了对这一心灵创伤充满柔情的关心；相对于先前只是体验到了惊恐，我们此时不仅体验到了惊恐，还体验到了对受伤心灵的关爱与照料。通过自我关怀，我们将消极情绪拥抱在了美好体验的怀抱之中。

这就意味着每一个痛苦的瞬间都隐藏着潜在的知足和满意，痛苦也就变成了通往幸福的康庄大道，因为体验到被爱、被关注、被支持本身就是一种真正的幸福。

我对自己第一次认识到自我关怀的力量记忆犹新，它把我的痛苦变成了愉悦的体验。那是在我就读伯克利分校研究生院的最后一年，也是在每周冥想组学习了自我关怀几个月之后。那时，我的情绪状况非常糟糕，即将离婚的前夫约翰打电话描述我是一个多么可怕、可恶的人，我气急败坏地挂了电话。鲁伯特那时正要被委派到外地工作，我们为此争论了一上午。随着他的离开，事情也被搁置了，但我们之间仍然存在着那种酸楚的感觉。而且，提交论文终稿的最后期限也要到了，我的进度已经滞后，我不断地问着自己：“是否还有必要完成这篇论文？这是我的研究兴趣所在吗？我的生活是否简单快乐？”此时，我完全被不安全感、恐惧感和自我厌恶感所包围，整个身心都蜷缩在一个阴郁的空间里。

就在此时，我想起了自我关怀。“老师又说了什么呢？”我心里不断地想着，“哦，对了，第一步先认真想想究竟发生了什么事，注意每一个想法和情绪是怎么产生的，并且尽量温和地去描述它，不要试图去抵制或者将其推开。好的，我想我会做到的。让我们来看一下：羞耻感、喉咙紧张、压力感、胃痛。胸闷，下沉，下沉。恐惧，压住我的后脑勺，心跳加速，呼吸困难……好了，现在试着对自己进行自我关怀吧，不要觉得这种方式有多么困难，其实也没什么。”我试着先给自己一个拥抱……慢慢地抬起颤抖的双臂，给自己一个温暖的、柔软的拥抱。泪水随之流了出来，我让自己真切地体验此时此刻有多么悲伤。“好了，好了，生活有时是很艰难的，每个人都有这样的时候，我就在这里守护着你、关心着你。其实也没有那么糟糕，很快就会过去的。”尽量放松胸腔和咽喉，慢慢地，一丝知足的涟漪从我的脸颊上蔓延开来，平静、平静、平静……

每当新的一轮痛苦体验向我袭来时，我就这样有意识地去控制它，心中默念这几句话，并在自我关怀的庇护下去体验它。我也有意识地去把握自我关怀，认真地感受着它带给我的体验，品尝着被关心和被照顾的感觉是多么美妙。当痛苦体验再次向我袭来时，我重新循环着这一过程，如此这般，大约持续了一个小时。

一段时间之后，我意识到先前的感觉不再是一种不愉快的体验了，变化正在发生。与之前被痛苦体验所困扰相反，我觉得痛苦体验此时正在爱、宽容和怜悯的怀抱中休憩。痛苦在消退，担忧被解除，我开始体验到一种轻飘飘的感觉。这也许是我第一次真正地对自己打开心胸，我开始晕眩，像第一次喝香槟，抑或是喝了一杯陈年红葡萄酒，那种味道是那么的丰富、辛辣、浓烈、持久和芬芳。我体验到了关注、平衡和内心的平静。这种美妙的体验源自于内心深处，不依赖于你是否获得了赞赏，是否取得了成功，抑或是否与他人建立了一种融洽的关系。我觉得自己的内心像一口深井，我可以随时从中汲取力量，而且更有意思的是当情况越糟糕的时候，我越容易想起它并从中汲取力量。那时，我觉得自己发现了可以改变我一生的财富，我激动得无以言表。

练习一
转变消极

当你发现被消极情绪所困扰时，试着去创造一些积极的情绪体验以摆脱消极情绪。你可以使用下面这些短语，设计并验证你的内心体验，同时也关注愿望实现时你所体验到的喜悦。

1. 此时此刻，体验到（　　）是很难的。
2. 体验（　　）是人类生活经验的一个必要部分。
3. 此时此刻，我应该怎么做才能让自己更快乐一些呢?

第一个句子说明承受消极情绪是一件很困难的事情；第二个句子提醒我们消极情绪是人类生活中再正常不过的事情，没有必要对其过分评判；第三个句子使你更清晰地认识到自己渴望快乐的愿望，这样会扩大你的聚焦范围，创造性地找到解决问题的方法。你可能会去洗一个热水澡，或者考虑目前最有利的事情是什么（任何事情总是有弊也有利）。因为人人都想得到健康和福祉，所以这样做的目的是不想让你掉进与消极情绪负隅顽抗的泥淖之中。

当你默念这些句子时，消极情绪可能被连根拔起，从而被一种坦然的知足感所替代，你甚至可能觉得这一切极具幽默感，没什么比开怀一笑更能帮人消除烦恼了。伍迪·艾伦就因为黑色幽默获得了职业生涯成就奖，当然“如果一切都是幻象，什么都不存在，那可如何是好? 如果是这样，我肯定多付了我的地毯钱”。

敞开心扉

自我关怀不仅可以打开你的心胸，而且可以让你敞开心扉，并让自己的观念从消极体验的钳制中释放出来。当你迷失在消极判断中时，意识会自动变得狭窄，从而无法识别出自身与生活究竟怎么了? 只看到了不完美的缺陷，并且认为人生中美好的、奇妙的情景是理所当然的。

从进化的角度来看，消极情绪可以激发个体的某种行为倾向，而这些行为有助于个体生存，比如，生气促使个体展开攻击，恐惧使得个体竭力逃跑，羞耻则让个体学会藏匿，等等。当被消极体验困扰时，我们感觉眼前只有一种选择，比如当熊向我们袭来时，我们根本没有时间去考虑该怎么做和不该怎么做，“要么逃跑，要么死亡”。这种行为倾向在遭遇毛茸茸的食肉动物的威胁时非常容易产生，而在诸如突然听到流动的购物车向我们鸣笛等并不对我们生命产生直接威胁的情况下则并不容易产生。消极情绪使个体的意识变得狭窄，根本想不到唾手可得的其他可能的选择。正如海伦·埃勒所说：“当幸福之门关闭的时候，另一扇门就打开了。然而，人们往往只盯着那扇已经关闭的门，却看不到另一扇已经为我们敞开的门。”

当我们关怀自己时，失意就会被仁慈、宽容和关注所包围，另一扇门就向我们敞开了；当我们抚慰自己时，就如置身于妈妈安全的怀抱，让我们重拾勇气，想要跳出无尽的黑暗到外面去看看。因为更多的时候，事情并不像我们想象的那么糟糕，于是我们开始重新关注自身以及我们的生活，这种感觉相当不错！

自我关怀使我们内心平静、充满希望，进而使得积极情绪螺旋式上升，从而帮助我们突破恐惧心理，极大地改善生活质量。著名的社会心理学家芭芭拉·弗雷德里克森在其《积极心理学》一书中提出了“拓展—建构”理论，并详细阐释了其工作机理。弗雷德里克森认为积极情绪不仅可以使个体摆脱危险，更重要的是可以让个体充分把握优势。积极情绪不仅不会使意识狭窄，反而会扩大我们的注意范围。因为积极情绪可以使个体感到平静和安全，从而提高个体对新体验的开放程度，就像可以提高来自他人的支持与信任一般。正如弗雷德里克森所说：“积极情绪可以使个体心胸开阔。其核心机制是：它可以使个体打开心胸、敞开心扉，从而提高个体的感受性和创造性。”

首先，让我们来看一下消极情绪是如何干扰我们清晰地认识事物，并影响我们做出明智决策的。假设你上班马上要迟到了，而且上班之前还要去遛狗。你为自己没有早点起床而抓狂，于是你一手拿着咖啡，一手抓着绳套试图拴住爱犬，慌乱中忘记系住爱犬的脖套，几次三番，你花费了比往常多三倍的时间去拴狗。接下来你的爱犬像是为了感谢你，想要给你一个拥抱并亲吻你，它是如此兴奋以至于不小心让你的咖啡洒了一地。天啊！你咒骂着把洒在地上的污渍打扫干净，然后赶快把爱犬牵了出来。在外遛狗的时候你是如此不耐烦和焦躁，“它什么时候才能拉完这泡屎呢？我已经迟到十五分钟了”。爱犬拉完屎之后，悠闲地在人行道上咂吧着嘴。当你伸手去掏一次性袋子时，才发现刚才出门时慌乱之中错拿了钱包……要崩溃了！你不得不用最原始的方法捏着鼻子将狗屎弄出人行道，五分钟、十分钟、十五分钟过去了。清理完回到家，你快速洗完手，准备从手包的前兜里拿出车钥匙冲出门去。“咦？我的钥匙呢？”翻了一遍又一遍，每翻一次就受挫一次，最终干脆把手包里的东西全部倒出来翻腾一遍，最后发现原来你放在了手包的后兜里，这时才想起来原来是出门遛狗之前，你为了回来之后能更快地拿上钥匙故意放在后兜里的……到单位时，你已经迟到了半个小时，并且错过了工作组每日例会。你羞怯地走到自己的座位上，拉出凳子坐下，所有的人都在看你，你恨不得找个地缝钻进去。一系列的消极情绪使你的工作效率非常低下，做事情显得又蠢又笨，更不用说去应付上司的刁难了。你的一天从那时起开始变得越来越糟。

现在，针对以上情景，假如你将注意力集中在积极情绪而非消极情绪上，情况又会如何呢？你上班快要迟到了，而且上班前还要去遛狗。尽管你睡得稍长了一些，但是你应该庆幸幸亏自己没有睡过头。你冲了一杯咖啡，它是那么的香甜迷人、沁人心脾，花上一点时间轻抿几口，稍事享受。此时你会觉得在遛狗之前应该把香甜咖啡装入旅行杯里，方便携带。你一手拿着绳套，一手拿着旅行杯，此时善解人意的爱犬想给你一个深情的拥抱，于是你把咖啡放在一边（幸好已经放在旅行杯里了），趁爱犬拥抱你的瞬间将绳套简便快速地系在它的脖子上。“多么懂事、多么善解人意的小狗啊！”你心里暗自喜悦。你轻松地走出家门，顺手拿起门口的一次性袋子。这是一个多么明媚、多么迷人的早晨啊，你完全享受着并沉浸在短暂的遛狗过程中 。爱犬很快地拉完屎，你迅速处理完之后回到家中。你洗完手，准备拿出手包去掏钥匙。“咦？我的钥匙呢？我通常是放在手包前面的口袋里的。哦，对了，原来我为了更快地拿到钥匙，出门前将它们放在手包后面的口袋里了，我比想象中更聪明了！”你自忖道。于是，你到单位后仅迟到了十分钟，你还有五分钟的时间稍事休息，然后参加工作组的每日例会。整个例会你都精神抖擞，特别是当上司对你所提出的创造性解决方案给予充分肯定时。积极的心态使你的工作快捷、认真而且高效，美好的一天将由此开始，并且越来越好！

很多时候我们的生活会像第一种场景那样，有时也会幸运地如第二种场景一样。看起来，似乎当我们处于消极情绪状态时，所有的事情都会变得越来越糟糕，而当我们处于积极的情绪状态时，事情反而会越来越顺畅。弗雷德里克森的研究告诉我们这个过程并不是魔术，而是实实在在存在的。更进一步来讲，消极情绪会使我们的注意范围变得狭窄，以至于根本观察不到本来很明显的事情，从而做出错误的判断，这就意味着为我们自身带来了额外的麻烦和问题。而积极情绪状态则恰恰相反，它会扩大我们看问题的视角，从而注意到有价值的细节并产生创造性的想法，这就意味着积极情绪状态会拓宽我们的思维，提高我们的决策能力，并增强我们处理问题的技巧。

练习二
愉悦地散步

进行一次十五到三十分钟的户外行走，任何形式的都可以（比如从办公室走到公交车站），如果你能在大自然中悠然地散步则更好。户外行走的目的是让你尽可能多地发现生活中的美好事物，这样你会产生更乐观的生活态度。

在行走过程中，你发现了什么幸福的、美好的以及鼓舞人心的事物（或场景）呢？这是不是阳光明媚的一天呢？也许是个下雨天，那么你是否注意到雨水对生命的赐予呢？是否看到了漂亮的树木或花朵？鸟儿是否在歌唱？松鼠是否在跳跃？是否处处散发着宜人的清香？行走本身的感觉如何？你能否体验到可以随意行走是多么幸福的一件事？你是否闻到了脚下泥土的芬芳？行走过程中遇到的行人又如何呢？你是否遇到了牵手的情侣、一起歌唱的朋友以及带小孩的妈妈呢？此情此景中，你是否报以微笑（这也许会使你产生更多的积极情绪）并收获了他人的微笑呢？你是否情不自禁地走上前去问候一声“你好”？情绪状态依赖于我们对美好事物的关注，而这种关注会浇灌出幸福的花朵。

近来，弗雷德里克森和她的同事对于关怀如何滋养出积极情绪产生了浓厚的兴趣。他们开展了一项研究，在该研究中让被试者进行慈爱冥想（具体过程在第九章中有详细描述），每周五天，持续八周，结果被试者对自己、亲人、朋友、熟悉的人与陌生人，甚至所有有生命的个体都产生了慈爱的体验。与控制组（没有进行冥想的）相比，进行了慈爱冥想的被试者体验到了更多的积极情绪，如爱、喜悦、感激、知足、希望、自豪、兴趣、欢愉以及对自然的敬畏之情等，并且体验到更多的自我接纳，在生活中与他人保持着更积极的人际关系。更有趣的是，这些被试者的身体状况也比控制组更健康，他们的生理病症（如头疼、栓塞或孱弱）更少。

与之相似，里奇·戴维森所开展的一项功能性磁共振成像研究也证明了此观点。该研究是针对经验丰富的佛教徒和初学者开展的，并让初学者在没有控制的条件下对生命体进行关怀，对象也包括他们自身。结果显示，在进行冥想时，实验组和控制组被试者的左前额皮层的活动都比较强，而左前额皮层是与喜悦与乐观相关的脑区。事实上，佛教徒的左前额皮层激活比西方研究者研究所得到的数据更显著。（快乐的佛教徒们！）

自我关怀和积极心理学

十几年来，众多杰出的心理学家，如马丁·塞利格曼和米哈里·奇克森特米海伊都对积极情绪（如爱、喜悦、好奇心和希望）如何提高个体健康水平和幸福感水平产生了浓厚的兴趣。众所周知的是“积极心理学”运动，一方面聚焦于心理健康，而非精神疾病；另一方面则关注如何提高个体应对异常状况的能力，而非消除羸弱或病症。研究显示，进行自我关怀的个体比进行自我批评的个体，在日常生活中体验到了更多的积极情绪，如热情、兴趣、灵感和激情，并且体验到更多的幸福。富有戏剧性的是，正在遭受痛苦折磨的个体如果进行自我关怀，也会产生欢快的心理体验。再次强调，自我关怀并非消除消极情绪，而是将其包容在关注与慈爱之中，这也映衬了先前提到的“拓展—建构”理论。因为自我关怀可以让我们感到安全、受关注和人与人之间的紧密联系，可以沉浸在生活的美好之中，不只是思忖着问题与困难而久久不能释怀。我们可以奋起去追逐自己的梦想，而不只是为了抵挡暂时的威胁而故步自封。

研究显示，具有自我关怀的人比没有自我关怀的人更乐观。乐观，使人振奋，相信一切都会好转，幸福就在不远的将来，因而他们怀揣梦想奋发向上；悲观，使人消沉，不相信事情会好转，认为一切都会随着恶魔走向地狱（正像谚语所说，我们应该向悲观的人借钱，因为他们从不期望借出的钱还能要回来），因而他们消极沉沦、得过且过。自我关怀使人充满自信，拥有无比强大的情绪力量，相信自己能应付任何即将发生的事情。人在悲怆之际，若抚慰自我、关注自我，那么就会越发地信任自己。自我关怀使人在艰难困苦之时，发现自身的内在力量，从而找到最佳的解决方法。

类似的研究还发现，善于自我关怀的人对生活充满了好奇。好奇心是我们成长的动力，鼓舞着我们去探索、发现和冒险，甚至有时也会让我们感到紧张和不安。自我关怀使我们在面对未知之时不慌不乱、泰然处之；自我关怀是我们在遭遇挫折抑或是探索无果时的避难所，它让我们坚守着自己的理想而不退缩。

一项跨文化研究显示（东方和西方文化），善于进行自我关怀的人生活满意度也更高。生活满意度是个体基于自己设定的标准对其生活质量做出的主观评价，自我关怀的人对自己生活的各方面都比较满意，而且认为生活是有意义和有价值的。当你将自我关怀的香脂轻轻地擦涂在失败与沮丧的伤口上时，你就将伤痛融化在了对生命的敬畏、接纳和知足之中。

赞美人类的体验

自我关怀所产生的积极情绪体验可以提高个体的健康水平和幸福水平。然而，积极情绪并不是让我们漠视事实，盲目产生良好体验，而是通过扩大我们的视野，敞开我们的心扉，使我们认知并欣赏生活的方方面面，从而产生良好的体验，这是一件非常奇妙的事！

幸福快乐的生活通常多姿多彩，而非单调如一。假如让你一直听美声，你会觉得枯燥无聊，恨不得从窗户上跳下去；假如让你一直吃山珍海味，你也会觉得腻烦不堪、食之无味。为了让生活变得多姿多彩，人们会不断地比照并变换生活方式。多丽丝·戴（Doris Day）乐观阳光的天性就是最好的体现，我们也可以称之为“好莱坞典范”。多丽丝·戴是20世纪五六十年代的一位美国明星，有“雀斑皇后”之称，经常位列年度十大票房巨星。多丽丝·戴的童年梦想是成为一名舞蹈家，然而一场车祸终止了她的梦想。她一生中先后当过演员、歌手、主持人等。多丽丝·戴拒绝了出演《毕业生》中罗宾逊太太一角，主要是因为这个角色与她在荧幕上的“大好人”形象相冲突。你可以想象假如多丽丝·戴承接了罗宾逊太太一角并且继续她的演艺事业，那么她的人生还会如此丰富多彩吗？她的传记上也会尽是她在电影银幕上的形象，而不是如现在这般丰富多彩。

要想最终获得幸福，就要体验人生所有的酸甜苦辣。人生有时处于顶峰，有时处于低谷；有时飞跃式上升，有时回旋式倒退。悲伤、羞愧、愤怒和恐惧，就像喜悦、自豪、爱和勇气一样，是人生不可或缺的风景线。正如荣格所说“幸福的生活不能没有黑暗，如果没有悲伤的平衡，幸福一词就失去了其本身的含义”，这里的“平衡”是关键词。我们不需要浓墨重彩地去描绘我们的消极体验，但我们也不能完全排除它，而且完全排除它看起来也是不可能的。

痛苦之时自我关怀，那么痛苦就会与慈爱、同病相怜与静观迅速地融合在一起，那是一种满足与可心的味道，有点儿像黑色巧克力，虽然苦涩，但对身体非常好。没有痛苦作为调料，生活就会变得甜腻不堪；没有痛苦作为点缀，生活就会变得单调乏味。同样，痛苦若没有幸福作调味剂，也会变得苦涩不堪，就像无糖巧克力。当幸福和痛苦融合在一起时，你就会敞开心扉去体验生活的全部，酸甜苦辣尽收心底。所以，当你下次遇到痛苦时，请想想黑色巧克力吧，它会把你的痛苦与悲伤包裹在爱的怀抱之中。

我的故事：《远山远处》/《马背男孩》

无可否认，我是一名最先体验到自我关怀之喜悦的上帝之子。我与鲁伯特约定，要竭力打开心胸、敞开心扉，这让我们做了很多看似疯狂的举动，比如去追逐在别人看来根本不可能实现的梦想，结果是我们竟然成功了！

没有人知道究竟是什么引发了自闭症，它简直是一个谜团，我们也不知道为什么自闭症患者的数量会以惊人的速度增长。然而，在自闭症的众多受害者中，父母首当其冲，他们不想知道究竟是什么引发了自闭症，而是想知道他们究竟应该怎么做。目前，自闭症的治疗大都是凭经验而来，许多都是自相矛盾的。当我们的儿子罗文被诊断出患有自闭症时，我们别无选择，只能接受这样或那样的治疗方式去帮助罗文。然而，多次治疗毫无结果，我们决定尝试所有的方式，尽我们所能避免儿子受到更大的伤害，但是我们对于这个决定没有一丝把握。

自闭症非常折磨人，正如我之前所提到的，罗文的神经系统被过度地刺激，经常会大喊大叫以释放压力。然而，当走进大自然中时，他就会稍微消停一会儿。所以当他开始发脾气时，鲁伯特经常会带罗文到我们屋后的小树林里去。在罗文三岁的一天，鲁伯特照例带着儿子在小树林里消遣，罗文突然挣脱爸爸，跑出小树林，一头冲进了邻居的马厩里，并越过樊篱来到了马群中间，抬头望着围绕在他身边的五匹高大的马……

突然，超乎寻常的事情发生了，那匹脾气暴躁、臭名昭著的老马贝琪轻轻嗅了嗅身边的同伴，并将头低下，温顺地依偎在了罗文的身边，一种微妙的、深不可测的力量在它们之间传递着，奇迹就要发生了！刚开始，就连做了好多年牧马人的鲁伯特也非常害怕马会伤害到罗文，但当看到贝琪的反应之后，他突然产生了一种想法：让罗文骑到马背上去。我非常紧张并央求鲁伯特千万要当心。就在鲁伯特把罗文抱上马背的时候，罗文神奇地开口说话了，这可是他平生第一次开口说话啊，我们喜极而泣！

同年，还发生了另外一件不同寻常的事。鲁伯特除了当作家之外还做一些与人权相关的工作，有一次他从南非带回来几个布须曼人（又叫桑人、巴萨尔瓦人），打算让他们在联合国进行演讲，以避免他们被其他人从他们祖先的狩猎场赶出来。布须曼人具有采用催眠的方式治疗病症的传统。在洛杉矶外的住所里，我们跟几个布须曼人一起待了几天，他们用古老方式对罗文进行了治疗。就在治疗时，罗文突然拿出他的玩具与大家一起分享，这可是之前从未有过的。那几天里，我们仿佛觉得罗文是一个正常儿童，我们为此欣喜若狂！可是当布须曼人回家之后，罗文又回到了过去，甚至比以前更严重。但是，这种突然的、无可名状的举动，以及罗文面对老马贝琪时的不可思议的反应已经在罗文的心里埋下了种子。

有一天晚上，鲁伯特带儿子骑马回来之后跟我说，看来骑马是世界上最贴近大自然的一种生活方式，他应该带着我和儿子到蒙古国。在那里骑马和治病可以有机地融合在一起，因为蒙古国是世界上最先将马匹进行驯养的国家之一，并且萨满被认为就源自于蒙古国。我极力反对，鲁伯特却说我“没脑子”。“恕我直言，”我说，“你是说让我们带着自闭症儿子骑在马背上横跨蒙古国吗？简直太荒谬了！我不想再跟你过了！现在能度过每一天就很不容易了，更别提你那疯狂的想法了。你是不是在瞎掰啊，我厌恶死马了！”

也许“厌恶”一词有点重了，但我绝不是一个爱骑马的女生。鲁伯特是我们家唯一爱马的人。要知道，我是在洛杉矶郊区长大的，早已习惯了哥特式的建筑与摇滚音乐，并且平时极力让自己表现得酷酷的，我才不去骑马呢！有一次，鲁伯特好心地教我骑马，可我从来没有骑马的欲望啊，马儿好像也能理解我的心情：它一次次把我从马背上摔下来，我都数不清究竟摔了多少次。

但是鲁伯特却态度坚决，想要带儿子去蒙古国，他觉得这样可以治愈儿子的自闭症。而在我看来，去往遥远的蒙古国无异于一种冒险行为，想起来就觉得恐怖。我们为此争执不休，而且吵得很凶。我们俩都是固执己见的人，谁都不肯认输。两年过去了，鲁伯特和儿子几乎每天都要骑马，这种家庭治疗的效果也是比较明显的，儿子的语言能力逐渐发展起来了。但是，罗文五岁的时候还是不会使用厕所。我们禁止他使用尿布，有意识地训练他使用厕所，但是根本不起作用。罗文依然承受着病魔的折磨，脾气暴戾，无法与人交往，而且一个朋友也没有。

鲁伯特仍然没有放弃去蒙古国的想法，私下里与一位蒙古国旅游经营者邮件联系，并且不顾我的反对，暗暗地策划着这场远行。朋友米歇尔是一位制片人，他也想跟我们一起去见证这次远行，而且说可以免费见证一个伟大纪录片的诞生。我还是极力反对。

然而，我的心也动摇过，这么多年来当鲁伯特的直觉比较强烈时，他的选择通常都是正确的，这点我深有体会，在我们相识的第一天，他就在直觉的指引下向我求婚了。我想了想蒙古国之行的整个事情，令人吃惊的是我居然认为我绝不能错过这么一次冒险之旅！生活又一次为我们提供了改变人生的机会，它可以将我们的悲痛化为寻求治愈罗文自闭症的力量，我在爱与恐惧之间面临着一次选择。于是我深吸了一口气，并且告诉自己："好吧，那么就勇敢地前进吧。"然而，有时候我也会开玩笑地说，这对于我来说是一次"双赢"。如果失败了，我就可以对鲁伯特说"我早就料到这样了"；如果成功了，那是一件再好不过的事情了！

作为一名作家，鲁伯特建议写一本描述此次旅行的书，起名为《远山远处》，并希望得到出版社的预付款，以此填补不菲的旅行开销和其间没有收入的困境。然而，几个月过去了，仍然杳无音信。我们满怀信心，决定提前动身，于是透支了信用卡提前买了机票。

令人惊讶的是，大约两周之后，书的竞标价格竟然超过了原定价格，并且鲁伯特也如愿地获得了该书的预付款，这完全超出了我们的意料！忽然之间，我们拥有了足够的资金来支付旅行开销以及拍摄纪录片（也叫《远山远处》）的费用，更重要的是我们可以为罗文的将来存上一笔钱，以备不时之需。冥冥之中，好像是上天赞同了我们的冒险之旅，并且为我们此次旅行提供了诸多保障。我们心怀感恩，受宠若惊。

怀着感恩的心情，我们于2007年8月来到了蒙古国，在乌兰巴托市郊的一座神圣山脉脚下，九个萨满教徒为我们举行了欢迎仪式。导游图尔加告诉我们，他们中的几个人奔波了几百里来到这里，就是为了帮助罗文。那可能是我人生中最紧张的一个下午。刚开始，罗文非常烦躁，不停地尖叫和反抗，显得非常茫然，不知道他们为什么弄出这些噪声和敲击声（即便是这样，我也必须说，他现在的状况比上次去杂货店时还稍微好了些）。

然而，后来发生的事确实比较怪异——萨满说在我怀孕的时候，有一股魔力冲进了我的子宫，并且让我到河里用伏特加清洗自己的私处。是的，伏特加。他们还说我母亲这边有个女性祖先患有精神病，不知怎么地就附在了罗文身上。事实上，我外婆在一次车祸中失去了她八岁的儿子，那时我妈妈只有两岁。多年之后，就在妈妈出嫁后的几周，外公死于心脏病，外婆由于忠贞和过度悲伤而发疯了。难道外婆是他们所说的“女性祖先”？这很怪异。然而，我根本没有时间深思，因为下一件事情是要我和鲁伯特一起面向大山跪下，同时一个萨满用生皮鞭抽打我们（谢天谢地，不是抽打罗文），我们的背上、胳膊上和大腿上顿时起了好多道红色鞭痕，此时导游图尔加紧张地笑着告诉我们说“最重要的是千万不要大声地哭喊和抱怨”。

没有什么比分娩更疼痛的了。当我跪在草地上，深深地喘息着并感受着皮鞭刺穿我的肌肤时，我对自己进行了关怀。关怀皮鞭带给我的疼痛，关怀生养了一个自闭症孩子所带给我的痛苦，关怀世界上所有人所遭遇的各种各样的痛苦。因为我知道萨满的目的是治愈伤痛，所以咬着牙忍受着他的鞭打。

根据仪式的要求，鲁伯特问我“你能原谅你疯狂的丈夫吗”，而后我们紧紧地拥抱在了一起，开心地笑着。除了这样，我们还能做什么呢?

然而，一些美妙的事情发生了。罗文开始咯咯地大笑，并且与那些萨满教徒玩儿了起来，紧接着，更令我们震惊的是，罗文居然转身走到站在人群边缘的一个小男孩身边，抱住他，并对他说“蒙古国兄弟”。他之前可从来没有这样做过啊!

那个小男孩叫永井（Tomoo），是导游图尔加的儿子。看到两个男孩如此让人震惊的互动之后，图尔加决定带着永井与我们一同旅行。于是，罗文结交了他的第一个好朋友。

我们继续前行，深入蒙古国的腹地，状况开始变得糟糕起来。就在我们第一天骑马行进时，罗文突然对骑马失去了信心，而且非常抗拒骑马，所以我们不得不乘车继续前进。这让鲁伯特非常伤心和失望，因为马背曾是连接他与儿子的纽带。不过，无数个日日夜夜中，我们享受着在大草原上露营时美得令人心醉的漫长夜晚，看着儿子与永井的友谊越来越深厚，也是一种完美的喜悦呀！儿子身上悄悄地发生着一些变化。

我们用沙玛湖的圣水清洗自己并祈祷着，沙玛湖是一个神奇的、梦幻般的地方，野天鹅与野马成群，据说神秘的森林之子——使鹿鄂温克人在迁往西伯利亚之前曾在此居住。有人说他们的治疗师在当地是最有名气的，能力也最强。鲁伯特也听说这些游牧民族（据说他们是几万年前第一批穿越白令海峡到达北美洲的人，也就是土著印第安人）很难安顿下来。找到使鹿鄂温克人的后裔，并咨询治疗罗文自闭症的良方是我们此行的最终目的。但是根本没有道路通往他们的偏远居住地，为了顺利到达那里，不得不让罗文再次坐上马了。

行进到此我开始变得非常疲惫，恨不得用灌在瓶子里的湖水每天洗三次似乎穿了五年的脏内衣（大草原上没有洗衣机和烘干机）。而且我非常不喜欢当地的食物，特别是那种叫艾尕（airag）的用马奶做成的东西，闻起来就想吐。然而，某种希望和信念吸引着我们继续前行。

罗文最终回到了马背上，而且又开始喜欢骑马了。我们跟着导游在海拔三千六百米的道路上艰难地行进着。我们要穿越这条道路，到达使鹿鄂温克人的夏季牧场。经过三天的艰难旅行，我们终于上来了，来到了他们的圆锥形帐篷里。罗文几乎欣喜若狂，这里的人们非常热情（正如其他蒙古国的人们那样）。在开始治疗之前，他们牵出驯养的小鹿让罗文和永井骑，并且让他们依偎在无比可爱的驯鹿幼崽身旁。

三天中，那位叫作葛斯特（Ghoste）的具有超凡魅力的老人，不断地给罗文治疗，在篝火旁一边跳舞，一边敲鼓，嘴里还念念有词，而此时罗文却像小象一样在地上爬来爬去。

就在最后一天晚上，我做了一个奇怪的梦——之前我几乎从来记不起自己的梦。我梦见已故的外婆和她死去的儿子在一起，而他已不再是一个小男孩儿，变成了一个成熟的男人，并且他们手拉着手幸福地走在一起。

第二天早上，葛斯特说我们可以离开了，还说一切令我们快要发疯的事情——罗文的失禁和坏脾气——今天就会停止了，是的，就在今天。

我和鲁伯特都不敢相信。但是就在第二天，当我们在河边安下营来时，罗文第一次自己解大便并自己擦了屁股。两天后，他第一次成功地上了厕所——他的奶奶和雇来的训练师都教不会的。从那一刻起，我们完全没有了发脾气的冲动了。回到家之后的两周内，罗文的所有不良的反应都没有了。同时罗文的朋友圈也开始扩大，他甚至可以自行骑马了，这可是鲁伯特的梦想啊，现在终于实现了！

难道是萨满师的功劳，或者仅仅是一种安慰剂效应，抑或是罗文被带到了一个全新的环境中从而起了作用？老实说，我真的不知道。我只知道，作为一个家庭，我们冒了一次险，多少还有点儿看似疯狂的自负，但是事实上我们最终找到了治愈之道！

治疗并不彻底，罗文并没有完全摆脱自闭症的困扰，但是伴随罗文自闭症的一些功能紊乱确实被治愈了。这些天，他的各项功能非常正常，以至于人们说他已经不是自闭症“谱系”里的人了。不过，一些核心问题依然能体现出罗文患有自闭症，如“他究竟是谁”、“他如何看待世界”等。这已经足够了，我们也不想再找其他方式进行治疗了。

我和鲁伯特在蒙古国所接受的治疗，使我们回来之后从内心接受了罗文患有自闭症的事实，并且不再设法去治愈它。揭开自闭症的神秘面纱，学着去认识它、了解它，而不是诅咒它，我们发现罗文的自闭症对我们来说应该算是一件非常好的事情。如果不是儿子患了自闭症，我们的生活也不会如此丰富多彩，如此令人难以置信。葛斯特告诉我们，我们每年都要带着罗文到一个传统治疗师那里，直到他年满九岁，治疗师属于哪种文化传统并不重要。于是，2008年我们前往纳米比亚拜见了布须曼人治疗师贝萨（Besa），他也是跟鲁伯特最亲近的一个能力较高的萨满，由罗文的全名——罗文·贝萨·艾萨克森（Rowan Besa Isaacson）可以看出他们的亲近程度。2009年，我们去澳大利亚拜访了当地的土著治疗师。2010年，我们去了美国新墨西哥州和亚利桑那州，拜访了纳瓦霍人（美国最大的印第安部落）的医生。每次旅行，我们和罗文都会有所变化，一家三口团结在一起，更有家庭的感觉了。

我们也曾与其他家庭分享了跟罗文在一起的点点滴滴，也曾经组织了一次由自闭症儿童家庭参加的、为时四天的“马背男孩”野营活动，使他们尽情地沉浸在马群和大自然之中。好几个孩子都有重大的改善，包括那些不说话的小孩，他们在马背上说出了第一句话或一些词语，这让他们的父母欣喜若狂。在野营活动中，我跟孩子的父母说过很多关于自我关怀的内容，告诉他们在应对抚养一个自闭症孩子所带来的各种压力时，自我关怀是多么重要。当我们做这些事情的时候所体验到的喜悦、满足以及平实朴素的乐趣，令人鼓舞，令人惊奇。

如果你允许，自闭症就是上天赐给你的一份礼物。罗文在大自然中所表现出来的魅力、幽默、天赋以及强烈的兴趣等都是因为他患有自闭症。为什么我们要想尽办法去改变它呢？就像鲁伯特提醒我的那样：“一句古话曾说‘当生活给你柠檬时，你可以选择将其做成柠檬汁’。”我说：“这纯粹扯淡。‘当生活给你柠檬时，你可以选择将其做成玛格丽特酒’。”

练习三
找到一线希望

首先，想一想到目前为止，你的生活中所遭遇过的一件或两件最具挑战性的事，当时所面临的困难是你根本无法逾越的。来，让我们做一次事后诸葛亮，你是否能想到，通过那件事情你获得了一些美好的东西？你是否觉得自己成长了并学到了更多更重要的东西？你是否发现了人生中更有价值和更有意义的东西？如果你发现了，难道你还想再回到过去，去改变当时发生的事情吗？那是否意味着你已不是过去的自己了，难道这不正是这件事情的功劳吗？

然后，想一想你目前所面临的挑战。是否可以从另外一个视角看待这些问题？如果这些事情发生，是否会产生积极的效应？这是不是新的学习机会呢？它们是否会对你的职业发展有所帮助呢？你是否会因此建立起新的人际关系？这是否会让你重组你的优势？

如果你发现这对你目前的状况没有任何积极的影响，那么此时你需要对自我进行关怀了。尝试怀着仁慈之心、人道之心专注于你的恐惧与悲痛。像一个亲密的朋友一样，默默地对自己说一些宽容、鼓励和支持的话语。如果没有外人，你也可以双手抱住肩膀，深情地拥抱一下自己，并安慰自己：还有其他人与你的处境一样，你并不孤单。试着深呼吸几次并接受目前的状况，因为它已经发生了，尽管你非常不喜欢它。

让我们再看看，生活再一次教会了你什么东西？难道这不是让你打开心胸、敞开心扉的机会吗？难道这看似应该诅咒的事情不正是一种赐福吗？你是否应该为此庆祝一番呢？

13 自我欣赏

我们最深的恐惧，不是我们无能。
我们最深的恐惧，是我们的强大超出自己的想象。
让我们害怕的，是我们的光芒，而不是我们的黑暗。
我们总是问自己："我是谁？竟如此光芒四射、才华横溢？"
事实上，我们又不是谁呢？
放低自己，并不能帮助这个世界。
一味羞涩，也不能让周围的人感到更加安全。
我们是可以闪闪发光的，就像所有的孩子一样。
当我们允许自己的光芒散发出来，也会不经意地允许别人也这样做。
当我们从自己的恐惧中解放出来，我们的存在自然也会解放其他人。

——玛利安妮 · 威廉森（Marianne Williamson）

《回到爱中》（*A Return to Love*）

本书用了很大篇幅阐述我们应该对自己的失败及缺陷给予自我关怀，不过，自我关怀（包含三种成分，即善待自己、共通人性与静观当下）并非只是关注个体所厌恶的方面，同时也关注我们真正喜欢和爱戴的方面。

欣赏自己的优点

有时候，发现自己的优点反而比发现缺点更难，因为人们不想让别人觉得自己爱慕虚荣，即使偶尔想想自身的优点也会让我们感觉不自在，正因为这个原因，很多人几乎很少接受他人的称赞。比如："玛丽，你真漂亮！我喜欢你这件衬衫。""哦，谢谢！但是我身材不好，身材丰满的人穿起来会更好看的！"可见，赞美会让我们感觉不舒服、难为情，并且这种反应通常是无意识的。

当然，恭维比侮辱感觉好多了，又有多少人会真正接受别人的赞美并悦纳它呢？很多实例表明，我们在听到别人的称赞时，往往会认为这是一出恶作剧而不是出自内心的赞美，这种感觉通常源自于上述的畏惧心理。

畏惧的表现之一就是防止别人建立过高的期望值。对自己的优点轻描淡写意味着我们可能会带给大家一个意想不到的惊喜，而不是让别人失望。假如你在足球周赛之前反复地跟大家强调，你是一个多么垃圾的球员，如果你意外地踢进了制胜一球使你们队获胜，你的队友们会非常惊讶："我不知道你竟然这么厉害呢，太棒了！"同时，如果你在比赛最后错失了关键球，大家也会关怀地跟你说："你已经很努力了！"相反，假如在足球周赛之前，你对自己的球技过于自信并表现得洋洋得意，那么此时大家就会对你反唇相讥："喂，我可记得你曾说你是学校足球队最优秀的运动员啊，哪所学校？难道是瘸腿驴学校？"

畏惧的表现之二是我们恐惧将自己内心的邪念释放出来。如果我们习惯于看扁自己，那么意识到自己的优秀品质会让我们觉得非常不适应。个体对自我的认知通常融入了缺憾感，使得我们害怕承认自己是杰出的、有价值的人物。具有讽刺意味的是，某种程度上这种感觉就像死亡对我们的威胁一样，消极的自我认知反而会使个体奋起。

第三个畏惧表现是如果自己在团体中一枝独秀会影响自己的发展。毋庸置疑，我们生活在一个竞争的时代，需要不断地表现出过人之处，才会感觉良好，然而高处不胜寒。一些心理学研究发现，越优秀，爬得越高，就意味着与他人越疏远。尽管我们希望自己具有高自尊，但本能会告诉我们这样会导致他人与我们疏远，从而变得孤独。如果我承认我的优点，那么是不是意味着我比你更优秀，咱们两个不能再平等地进行交往了呢？这种渴望与畏惧的两极效应使得高自尊并不会带给我们丝毫的舒适感。

托马斯是一个技术公司的会计，当有人赞扬他的时候，他总是感觉极其尴尬和不自在，比如，有人称赞他的工作做得好，他会出于礼貌迅速回答“谢谢”，然后尽快地转移话题。当人们向他致以积极的关注时，他感觉自己像是一条被拎出水面的鱼，令他反胃。他并不知道在接受他人赞美时应该如何表现，或者说如何悠然地享受他人的赞赏。同时，他对他的上司害怕得要死，因为他的上司梳着大背头，常以为自己是最了不起的人物，虚荣而且傲慢，他可不想让自己也成为上司那样的人。

其中的原因是，我们通常喜欢银幕上谦逊、不爱出风头的英雄，而不喜欢那些骄傲自大的人。除了自恋狂自己，没有人会喜欢自恋狂。如果我们肯定自己的积极品质并且为之高兴，那是不是意味着我们以自我为中心了呢？以自我为中心是不讨人喜欢的呀，难道不是吗？这多少有点纠缠不清、进退两难。如果我们承认我们自身的优点，就意味着我们的品行不好，所以为了让自身感觉舒服点儿，我们不得不关注自身的缺点。荒谬！难道不是吗？然而，我们所有人平时可都是这样做的呀！

那么，如何才能既为自己的优良品质而欢呼雀跃，又不掉进自我中心的陷阱里呢？我相信答案仍然是自我关怀，尽管方式有所不同，我习惯称之为“自我欣赏”。在承认所有人都有优点和缺点的前提下，我们可以尽情地陶醉于自身的优秀品质当中，而不会唤起骄傲自满、优越感以及自负等情绪体验。心理学家威廉·詹姆斯曾写道：“人类最深的本性是渴望被欣赏。”幸运的是，我们可以在没有他人的帮助下就体验到被欣赏的感觉，并且可以坦诚我们很漂亮，不是因为我们真比别人漂亮，而是因为我们表现出了人类本性中最漂亮而且美好的一面。

关怀之喜悦

佛教认为，幸福的基石之一是随喜（mudita），翻译成汉语即为“关怀之喜悦”。这种心理体验发生于我们为他人的美好品质以及良好状况由衷地赞赏时。理解关怀之喜悦可以更好地帮助我们理解自我关怀，因为两者是紧密相连的。关怀之喜悦的核心情感是仁慈与美好祝愿。如果我真心地关心你的幸福并希望你一切安好，那么我也会真心地希望你获得成功，为你所拥有的智慧与天赋而高兴，因为它们会使你的人生如愿以偿。

然而，比较典型的现象是他人的优秀品质仿佛会使我们产生缺陷感。因为那位女士光彩夺目，所以我就一定丑陋邪恶；因为那位男士具有聪明才智，所以我就一定愚蠢至极。当我们因为他人的光鲜亮丽而眼红时，就会感到难以忍受的痛苦。但是，如果我们从根本上改变自己的认知与理解，会怎么样呢？如果我们由衷地为他人的精湛造诣而感到高兴，又会怎么样呢？在我们的研究范围内，这样做的结果是会使我们当中体验到幸福感的人数增加。根据世界人口的最新统计，那将大约是七十五亿人啊！

关怀之喜悦的本质元素是认识到人与人之间的紧密联系。当我们将自己置身于群体之中时，我们会为“我们”中的一员获得赞美而感到由衷的高兴。我现在在奥斯丁的得克萨斯大学工作，我们这些奥斯丁人都是学校足球队的发烧友，作为他们的铁杆粉丝，我们所有人都不希望把赢球机会拱手相让。这种与足球队的一体感使得我们为他们的成功而欢呼雀跃。当我们感觉与他们紧密相连时，就能完全地陶醉在他们的辉煌之中。进一步来说，当我们将这种感觉扩大至全人类，而不仅仅是当地的一支足球队时，会怎么样呢？那么，我们的“群体”就总是获胜者！

当然，我们需要注意到他人的优秀品质并由衷地欣赏他们。如果我对我丈夫的智慧、英俊、创造性和幽默感不以为然，那就意味着我已经不再对他的优秀品质上心了，而这种感受会演化为某种消极“假设”和“预期”的温床。我必须发现并好好地欣赏他的优点和智慧，并承认他是一个少有的“神人”。正因为此，关怀之喜悦还需要静观的参与。

自我欣赏的根源

当我们将善待自己、共通人性和静观当下施加于正在遭受痛苦的他人身上时，通常表现为关怀；当把它们施加于正在遭受痛苦的自身时，则通常表现为自我关怀；而当指向他人的优秀品质时，表现为随喜，即关怀之喜悦；同样，当指向自我的优秀品质时，通常表现为自我欣赏。

首先，让我们思考一下友善对于自我欣赏的作用。我们大多数时候更多地关注自身的缺点而非优点。正如前面所说，我们经常会小看自身的优点，因为承认自己具有某些优点会让自己感到提心吊胆和不自在。然而，如果我们对自己仁慈点儿，那么就会因为我们具有某些品质而欣喜。难道自己是一位好父亲、好员工、实在的朋友和有责任心的环保活动家，感觉不是很好吗？难道我们的诚实、耐心、勤奋、创造性、敏感、灵性和关怀等优秀品质不该获得他人的赞赏吗？自我欣赏、自己赞美是善待自己带给我们的最重要的礼物，在此过程中没必要大声说出来，而且也不会使他人感觉不舒服。我们可以在内心默默地认可自己那些应该或者需要获得赞赏的优点。

自我欣赏中固有的共通人性是指，我们欣赏自己并不是因为我们比其他人更优秀，而是因为所有人都有善良的一面。欣赏他人善良和优秀的同时就会使我们忽略或弱化自身与他人的区别。作为一种可以使芸芸众生充满活力的与众不同的表达方式，当我们尊重自我时就会尊重其他任何事物。就像一行禅师曾说：“你本身就是一场精彩绝伦的表演，整个宇宙都为你的存在而欢聚一堂。”如果你认真领略了互即互入的道理，那么你就会理解为你的成就而欢呼并不比为自己的失败而关怀更以自我为中心。我们的确不能说我们的天赋和才智是个人所为，因为这是我们从祖先的基因库里继承下来，经过父母的含辛茹苦、朋友的宽宏大量、老师的循循善诱以及文化智慧的洗礼等，才成了今天这个样子。独特的成长环境和条件造就了独一无二的我们。因此，我们赞赏自身的优秀品质，是对塑造了我们自身以及我们这一种群的造物主的一种感激与敬畏之情，可以说，自我欣赏是对造物主的一种谦逊的敬意！

自我欣赏也需要静观的参与，就像我们赞赏他人之前首先要发现他人的优秀品质一样，我们也要有意识地去发现自身的优点。考虑到承认自己有多么优秀会让我们感觉不舒服，所以有时候我们会有意识地把这些想法屏蔽掉。我们之所以抑制了“我们可能也没那么差劲”这种想法，是因为我们不知道该如何处理这种异常美好的感觉。然而，静观却可以让我们甩开以往的思维习惯，以一种全新的方式接近这些美好的体验。最顽固的思维习惯就是过多地关注消极信息，忽视积极信息，并且这种倾向在我们思考自身的时候往往表现得最明显。我们的本能告诉我们，及时地发现问题并解决问题，这样才可以生存下来。这就意味着：我们要把自己的优秀品质当作是理所当然的，而只去担忧我们自己的缺点。她一次一次地告诉自己，如果我只能减五千克，就惨了，她完全忽略了自己的优点：青春活力、身体健康、聪明伶俐、事业有成，并且有一个深爱自己的男朋友。然而，如果我们肯将自己的注意力集中在自身好的一方面，那么我们就会将这些消极内容转向积极。

有些人可能认为，如果我们过多地关注自身的优点，很可能会导致自己忽视了成长过程所必要的磨砺。不错，但这种假设也只是在关注“过多”时才成立。当然，如果我们对自身的看法不客观，比如“我非常完美，一点儿瑕疵都没有”，那无疑就成问题了。我不知道我们为什么会经常落入非此即彼的思维陷阱里，这种想法对我们并没有好处。我们每个人既有优点又有缺点，并不是被划分为绝对的好人或绝对的坏人，我们应该尊重并接受本来真实的自己，不好也不坏。最关键的是要有平衡心态和全局意识，这样我们在看待自己时才不会失真。当太阳升起，我们就尽情地欣赏自身的光彩；当太阳落下，我们就以关怀之心抚慰自身的忧伤。

练习一
欣赏你自己

列出你真正喜欢并欣赏自己的十项优秀品质（这些品质并不是你平时一直具有的，而是偶尔会有的）。在写下这些品质的时候，观察自己是不是产生了一些不舒服的感觉，比如尴尬、陌生以及对虚荣的恐惧感？如果这些不舒服感产生了，你就试着告诉自己，这并不是说你比其他人更优秀或者你是完美的，你仅仅是注意到了自己偶尔会表现出来的优秀品质，因为每个人都有优点。观察自己是不是已经承认并悦纳了自己具有这些优秀品质的感觉，细细地欣赏这些优秀品质，并把它们融入自己的内心。

1.

2.

3.

4.

5.

6.

7.

8.

9.

10.

自我欣赏与自尊

表面看起来，自我欣赏和自尊非常相似，因为它们都涉及自身的优秀品质，不是吗？但是，尽管自我欣赏和自尊在很多地方是重叠的，但是也有很多地方是不同的。两者最重要的差别在于对人类共同体验的认可，自尊常以区别和比较为前题，是比其他人更好的一种表述，因而是特殊的；自我欣赏则是建立在共通性基础之上，认为自己与他人具有相似性，并且每个人身上都有优点。

另一个重要的区别与个体习惯将自己定义为好人或坏人有关。要知道，自尊是一种价值判断，而这种价值判断操控着个体的自我概念表征，个体常常试图捕捉自身独一无二的优秀品质（比如我身材好且家庭富有，美貌动人且事业有成，等等）。自我欣赏则是一种源自于“我们是什么样子”的想法，而不是“我们应该是什么样子”，这也是为什么一幅积极的自画像对于个体获得高自尊如此重要。如此，我们的自我概念与真实的自己混淆了。从另一方面来看，自我欣赏不是一种判断或者标签，更不是对自己进行定义，它是与自身美好品质相联系的一种方式或途径。自我欣赏承认我们每个人都处在一个不断变化的过程当中，并且这个变化过程是不可被“定制”的，变化本身可能是积极的，也可能是消极的。这种伟大的“承认”就承认了我们每个人都有光彩的瞬间。

我们总有很多值得自我欣赏的地方，尽管它们并不能让我们变得独一无二。事实上，我们可以呼吸、行走、吃饭、做爱、拥抱朋友——这些无疑是值得我们庆祝的卓越能力。尽管每个人可能都具有这些能力，尽管它们都是一些平凡的美丽，但是人们往往在失去之后，才意识到它们是如此美丽。在我们还有机会欣赏的时候，就要在对自身的复杂性与物种的连通性认识指导之下，尽情地去欣赏自身平凡的美丽，而不是抱着自身高于同类多少的心态去看待它们。

欣赏自我，我们不需贬低他人以显出自身优秀。我可以在赞赏他人成功的同时尽情欣赏自己所取得的成就；我可以在赞叹他人天资的同时也为自己的聪慧而欣喜。欣赏就是承认每个人都有光彩的一面，包括我们自己。

欣赏生活中的精彩

尽管之前我主要讨论了欣赏自我个人品质的重要性，但是这种欣赏也可以延伸到我们生活的环境当中。自我欣赏涵盖所有美好的和健康的东西，包括内部的和外部的。

因为承认自己具有良好的生活条件并不用担心这是虚荣和以自我为中心的表现，所以承认也就没有什么阻碍了，而这也是自我欣赏的一种形式。赞赏我们生活中的美好事物并不是什么难事——家庭和睦、朋友义气、工作稳定——这就如同赞赏我们自身。正如之前讨论过的，因为我们的思维具有关注消极信息的习惯倾向，所以经常对好运气也不以为意，这就不可避免地会使我们陷入应对困难和解决生活痛苦的泥淖，从而导致我们漠视了切实带给我们身心愉悦的美好事物——并且承受了很多我们本不该承受的痛苦。就像有研究揭示的那样，赞赏可以从根本上改变我们的体验。

斯坦福大学的心理学家索尼娅·吕波密斯基（Sonia Lyubomirsky）在

她的著作《幸福多了40%》(*The How of Happiness*)里提到，积极的生活环境对于幸福生活具有微弱的作用——仅有约10%的作用，即使是诸如中了彩票这样的事情，也只能是让幸福体验暂存一会儿，几年之后又回到了之前不幸福的生活状态。针对这种现象，许多心理学家认为每个人都有自己的“幸福基准点”，并且这种基准点是由基因决定的。然而，这仅仅是研究的一部分内容而已。研究还显示，人们可以通过改变自己看待生活的方式，显著地提高自身的幸福感水平，换句话说，并非发生的事情本身影响了你的幸福，而是你看待所发生事情的态度影响了你的幸福感水平。吕波密斯基还发现在提高自身幸福感方面的一些造成明显差异的因素，其中最重要的是感恩自己所拥有的东西，多想想困难境遇中的积极面，切勿与其他人攀比，尝试做一些慈善行为，保持理性并享受快乐。而所有这些恰好都包括在自我欣赏的大范畴当中，接下来我们会着重探讨其中的两个：感恩与品鉴。

感恩与品鉴

感恩

宗教一直以来都强调人们在日常生活中要心怀感恩，最典型的就是做祷告时的感恩仪式。下面是来自《圣经·旧约》中的一段经文：

> 我们要感恩上帝，因为他为我们退却海水，带来陆地；他为我们驱走黑暗，带来光明；白天他让太阳升起照耀大地，晚上他让星星、月亮陪伴众生。愿上帝的慈爱永驻！

诸如此类的祈祷关注对造物主的美妙与神奇的赞叹。感恩之心是大多数宗教的核心内容，并且被认为是获得精神完满的一道重要门槛。

罗伯·艾曼斯（Robert Emmons）是美国加州大学戴维斯分校的教授，他致力于感恩的研究，并且发现感恩是直接导致幸福感的最有力的因素。他将感恩定义为：认识到并承认其他人、上帝抑或是生活本身所赐予我们的礼物。研究显示，心存感恩的人体验到了更多的幸福、希望和活力，并且对目前的生活感到满足，尽管他们物质比较匮乏，对他人的成果也有所羡慕。幸运的是，研究表明：感恩是可以通过学习得到的！

例如，在一项研究中，研究者让一组本科生每周汇报他们的近期生活体验，持续十周，并将这些学生随机分为三组。A组学生写下一些令他们感恩的事物（比如“慷慨大方的朋友”、“无所不能的父母”、“令人痴狂的滚石乐队”）。B组学生写下令人恼火、抓狂的事情（比如“难以寻找的停车位”、“没人愿意收拾的脏乱厨房”、“笨头笨脑的司机”）。C组学生则作为控制组，研究者让他们随意写下一些事情，不施加任何正向或负向影响（比如“清洗自己的鞋柜”）。研究者发现实验组（即A组）学生不仅体验到了更多的幸福感，而且他们所报告的身体病症更少，参加运动的次数比其他两组都多。这表明：感恩有助于改善我们的情绪和生理状态。

练习二
坚持写感恩日记

研究显示，坚持写感恩日记是提高自身幸福感水平的一种最好的、最可靠的方式。你也许想挑选一个特殊的日记本，以使自己以怀着美好和敬畏的心情去完成这件事。然而，这确实无关紧要，因为这并没有固定的格式，重要的是你每天要抽出一点儿时间去写下慈爱、惊喜和美好的瞬间，以及日常生活中那些带给你快乐的普通事件。

在写作过程中，要确信自己能持续不断地发现让自己感恩的事物。朋友、家人和亲人可能是排在最前面的，但是千万不要让这种形式变得陈旧不堪，或者像是在例行公事。有哪些事情令你开心了并且是你之前并不以为然的呢？是明媚的阳光、法治的社会还是惬意的室内卫浴？这些事物竟然使我们的闲暇时光充满了无穷无尽的欢乐。

写感恩日记还可以帮助我们尽可能详细地说明我们为什么要感恩，并且使感恩变得真实而具体。比如，之前你可能会说“我感激我的猫咪”，但现在可能会写成：“我的猫咪满足地‘喵喵’叫着并在我的腿上磨蹭，你看它跟我是多么亲密无间啊！”

一段时间之后，感恩日记就为你提高幸福感水平积累了许多实质性材料，这本身就是一件值得感恩的事情！

品鉴

品鉴的练习与感恩密切相关。品鉴是指有意识地去享受那些带给我们愉悦体验的美好事物，即慢慢地咀嚼那些愉悦的体验，在脑海中不断地重复着，就像品尝一杯美酒。我们通常认为品鉴一般是指躯体上的感知经验：比如，慢慢品尝食物的美味，轻嗅它所散发出来的香气，而不是狼吞虎咽地一下子吃掉；亲热之前，轻嗅爱人的体香，亲吻并抚摸爱人的肌肤，而不是直奔主题。但是，品鉴并不只适用于躯体感知经验，它可以用到所有的愉悦体验当中——比如，着迷于朋友那富有磁性的嗓音，秋风中翩翩起舞的美丽树叶以及情节曲折离奇、美妙无比的小说。

在品鉴一种体验时，我们通常是在用心去感知，并将注意力有意识地贯注在令人愉悦的想法和感觉上，恰好就在此时，那些满足的、愉快的情绪体验就会产生。我们同样可以品味记忆中那些令人愉悦的片段，就像又再现了愉快体验并再一次欣赏它们——比如，遇到人生伴侣那一天的情形，第一次抱着刚出生的孩子的情形，或者是像再次欣赏《布拉格之恋》那样回想自己与爱人亲密时的情形，等等。品鉴是一种有目的的行为举动，它可以使快乐天长地久，使美好枝繁叶茂。

练习三
品鉴当下

挑一份或一杯你自己特别喜欢的食物或美酒，可能是一块黑巧克力、一片热比萨、一只蘸了黄油的龙虾、一盏伯爵红茶、一杯上等香槟——任何可以给你带来愉悦体验的食物或饮料都可以。

在你吃/喝它们的时候，要尽可能地去细细品味，关注你的所有感知。它尝起来怎么样呢？更细致的味道是什么呢？甜的，苦的，还是咸的？闻起来怎么样呢？你嗅到了哪种芳香？当你拿住它、咀嚼它和吞咽它的时候，感觉又是怎样的呢？口感是什么？它看起来怎么样呢？是不是具有可人的颜色，从而吸引了众人的目光？听起来怎么样呢？（当然，如果你选择的是香槟，不难理解这一点，可能是开瓶时的嘎扎嘎扎声和气体的嘶嘶声带给了你满足感……）慢慢地并全身心地去体会美食带给你的所有美好感觉，并且充分地去品味每个感觉瞬间。

下一步，体会愉悦体验本身所带给你的感受。你是不是觉得喉咙中冒出了一丝幸福，胸腔中弥漫着一丝暖意，鼻子中因激动而升起了一丝刺痛感？尽可能长时间地去享受这种愉悦体验，直到它自然褪去。然后，抽一会儿时间感恩并欣赏生活所给予你的“恩赐”——食物和饮料。

心理学家早就开始研究品鉴对于幸福感的影响。研究显示，那些经常细细品味生活中幸福瞬间的人更幸福，并且较少产生抑郁情绪。比如，在一项研究中，研究者让被试者每天进行一次二十分钟的散步，并持续一周。被试者被随机分为三组：第一组是“积极关注组”，让被试者在散步过程中有意识地并且尽可能多地去关注那些美好的事物——花朵、阳光，等等——并且想想是什么让这些事物如此美丽（第十二章中“愉悦地散步”练习就得益于此研究）。第二组是“消极关注组”，让被试者在散步过程中有意识地并且尽可能多地去关注那些令人烦恼的事物——垃圾、交通噪声，等等——并且想想究竟是什么导致这些事物如此令人厌恶。第三组是控制组，仅仅告诉被试者每天进行一次二十分钟的散步。研究结果显示，第一组被试者明显比其他两组感到更幸福，并且在接下来的访谈中，他们称自己从周围世界体验到了更多的感恩之情。

每天花上一点儿时间，关注并细细地品味那些带给我们愉悦体验的事物，这样可以大大地增强我们的快乐体验。

继续赐福

自我欣赏可以使我们陶醉于自己本身或者生活环境的积极面，且不需要我们做出特殊的或者超乎寻常的努力才能实现这一“梦想”。美好体验可以不断地重新闪现，令人惊讶的是它可以畅通无阻。我们甚至不需要做出新的努力就可以再次嗅到玫瑰的芬芳，你只需要关注一下自己的鼻尖上是什么就可以了，而不是整天像解决重大问题似的费尽周折，心里想着怎么才能让自己和自己的生活稳定下来。抽出时间好好想想，你会惊奇地发现你与妻子 / 丈夫之间还有很多并没有破裂的情感联系。

就在你们阅读这些文字的时候，会惊讶于有一股活力在自己体内涌动。通过阅读本书的粗浅见解，你们会惊奇地发现这样一个事实：你们已经悦纳了我试图传递的思想。尽管你们和我并没有见过面，但我们的思想却在通过这本书中的只言片语交流，多么不同寻常啊！呼吸时，你会感到清爽的气息在你的鼻孔间进出，并深深地感激这些再平常不过的事情使你的生命成为可能。你会惊奇地发现，现实生活中存在的事物和产生的情感体验远远超过了我们人体所能全部吸纳的范围，但是通过感恩（哪怕是一点点），我们就可以将自己的幸福感提升到一个不同寻常的水平。就像法国作家拉罗什富科所说的："幸福不在于事物本身，而在于我们如何品味它。"

自我欣赏是上天赐予我们用来体验幸福的礼物。我们每个人以及我们的生活都有值得感恩的地方，美好就围绕在我们身边，在我们体内！人类宝贵品质的光辉属于我们每一个人！

结语

自我欣赏和自我关怀犹如一枚硬币的两面，一个关注那些带给我们欢乐的事物，另一个则关注那些带给我们痛苦的事物；一个赞美我们作为人类一分子的强壮与伟大，另一个则让我们接受自身的脆弱与不足。最重要的是要打开心胸，而不是无休止地去评价、攀比、反抗、痴迷和曲解——我们仅仅需要打开自己的心胸。打开心胸去看看我们自身以及我们的生活究竟是什么样，不管是光辉或龌龊；打开心胸去看看造物主对我们所有物种的爱，包括我们自身。

走过人生的悲喜剧，你就会将所有的事情与友善联系在一起，感觉自己与所有人以及所有事物都是休戚与共、息息相关的。你会觉得自己不再会用任何评判的眼光去看待眼前的一切，生活如其所示，我们并不需要费尽心思去改变它。

我们不必刻意追求完美以使自己显得高贵，也不必让自己的生活按照特定的程式展开才觉得满意。仅仅通过对曾经的体验报以关怀或欣赏，我们每个人就都拥有了自我恢复、成长以及体验幸福的能力。如果你感觉某件事太难了，你没有能力去改变它，强大的文化力量使你望而却步，那么就从此时此刻开始进行自我关怀吧，每一个崭新的瞬间都会使你的生命旅程截然不同。我们可以同时感悟作为人类的欢乐与悲痛，并以此来改变自己的人生！